U0323244

重庆文理学院学术专著出版资助

典型有机肥对重庆地区紫色土农田氮磷流失特征的影响研究

夏红霞　朱启红　李　强
李国强　赵丽莎　丁武泉　　著

北　京
冶金工业出版社
2024

内 容 提 要

本书通过室内模拟人工降雨试验和田间原位自然降雨试验，以不施肥处理为空白对照，化肥处理为施肥对照，阐述了施用典型有机肥后紫色土农田中氮、磷的流失特征。全书共6章，主要介绍了在室内模拟人工降雨的条件下紫色土旱地径流和淋溶中的氮、磷流失，模拟水田环境下上覆水和下渗水中的氮、磷含量以及田间原位自然降雨试验条件下紫色土旱地径流和淋溶中的氮、磷的流失特征，对当地合理利用化肥及有机肥提供了科学依据。

本书可供土壤学、环境学、生态学、农学等领域的科研人员、技术人员阅读，也可作为高等院校相关专业课程的参考教材。

图书在版编目（CIP）数据

典型有机肥对重庆地区紫色土农田氮磷流失特征的影响研究／夏红霞等著. -- 北京：冶金工业出版社，2024.9. -- ISBN 978-7-5024-9958-7

Ⅰ. S153.6

中国国家版本馆 CIP 数据核字第 2024FR9282 号

典型有机肥对重庆地区紫色土农田氮磷流失特征的影响研究

出版发行	冶金工业出版社		**电　　话**	(010)64027926
地　　址	北京市东城区嵩祝院北巷 39 号		**邮　　编**	100009
网　　址	www.mip1953.com		**电子信箱**	service@ mip1953.com

责任编辑　夏小雪　王雨童　美术编辑　吕欣童　版式设计　郑小利
责任校对　梁江凤　责任印制　禹　蕊
北京建宏印刷有限公司印刷
2024 年 9 月第 1 版，2024 年 9 月第 1 次印刷
710mm×1000mm　1/16；7.75 印张；130 千字；113 页
定价 56.00 元

投稿电话　（010）64027932　投稿信箱　tougao@cnmip.com.cn
营销中心电话　（010）64044283
冶金工业出版社天猫旗舰店　yjgycbs.tmall.com
（本书如有印装质量问题，本社营销中心负责退换）

前　言

由于自然环境的改变和人类活动导致的海洋、湖泊、河流、水库等储蓄水体富营养化的现象，已成为当今世界水污染治理的难题，是全球最重要的环境问题之一。随着各国对生态环境的重视，工业污染源和城镇生活污染源已经得到了有效的控制，然而由于农村生态环境的特殊性，使得农业活动产生的污染物难以收集处理，因此，农业面源污染成为引起水体富营养化的重要原因。在农业生产活动中，氮素和磷素等营养物、农药以及其他有机或无机污染物在降雨和灌溉的作用下通过地面径流、地下淋溶等方式进入附近水域，形成地表和地下水环境污染。研究表明，氮、磷肥施用过量，无论是无机肥还是有机肥都会在土壤中积累，70%以上的肥料都不能被当季作物吸收利用，这必然会导致氮、磷向水体流失的量显著增加。

紫色土是三峡库区主要的土壤类型，其成土过程决定了紫色土含有丰富的营养元素但又极易被侵蚀的特点。三峡库区的紫色土耕地区是我国的农业核心区，该区人口稠密，耕地相对较少，坡地比例高。为满足人们的生活所需，紫色土区的肥料使用量较高，加之地形地貌和紫色土本身易被侵蚀的特点，该区农田氮、磷流失非常严重，这加重了三峡库区水体的污染负荷。三峡水库建成蓄水后，使长江变成了一个半封闭的水体，库区紫色土耕地上的氮、磷流失使库区水体富营养化程度加重。因此，研究紫色土耕地农田氮、磷流失对控制水体富营养化、改善库区水质具有十分重要的作用。

重庆市地处长江上游地区，是三峡库区的腹心区域，其生态环境的好坏直接关系到三峡库区的可持续发展，也关系到长江流域的生态环境安全。因此，研究重庆地区紫色土耕地氮、磷流失对三峡库区的水环境质量有着非常重要的作用。作者所在课题组利用前期研究成果，并结合三峡库区面源污染控制现状，撰写了本书。书中内容体现了作者课题组自 2011 年以来开展的有机肥对重庆地区紫色土农田氮、磷流失特征的影响研究工作，通过室内模拟人工降雨试验和田间原位自然降雨试验，以不施肥处理为空白对照，化肥处理为施肥对照，研究了紫色土农田上施用典型有机肥后的氮、磷流失特征。

本书科学评估了各种肥料对紫色土区域水环境中氮、磷的贡献率，为农业污染源普查提供了明确的产排污系数，为全面正确认识有机肥对农业污染源的贡献、合理利用化肥及有机肥提供科学依据，对农业面源污染的控制具有重要意义。此外，本书也是国家"十一五"科技支撑计划项目"集中型沼气发酵液低耗处理、高值利用耦合技术集成研究与示范"、重庆市自然科学基金项目"紫色土耕地化肥与有机肥氮、磷流失特征研究""生物碳输入对库区土壤重金属迁移转化的影响研究"以及重庆市环境保护科研项目"三峡库区农田化肥与有机肥的面源污染对比研究"等项目的相关研究成果。

本书在撰写过程中，参考了相关文献资料，在此向文献作者表示衷心的感谢。

由于作者水平所限，书中不妥之处，敬请广大读者批评指正。

作　者

2024 年 4 月

目　　录

1 绪　　论

1.1　氮、磷与水体富营养化

1.1.1　水体富营养化的概念及特征

水体富营养化（eutrophication）是指在人类活动的影响下，生物所需的氮、磷等营养物质大量进入湖泊、河口、海湾等缓流水体，引起藻类及其他浮游生物迅速繁殖，导致水体溶解氧量下降，水质恶化，鱼类及其他生物大量死亡的现象（Wang et al.，2015）。水体富营养化会导致某些特征性藻类特别是产毒微囊藻异常繁殖，形成水华，进一步使水体透明度下降，溶解氧降低，水生生物大批死亡，减少水生态系统的生物多样性，使水变得腥臭难闻，从而使水体生态系统和功能受到阻碍和破坏，危及水域范围内的渔业、农业、工业、饮水等，严重影响人民生活和社会经济发展（Wang et al.，2019；杨洁 等，2013）。自然环境的改变和人类活动导致的海洋、湖泊、河流、水库等储蓄水体富营养化的现象，是当今世界水污染治理的难题，已成为全球最重要的环境问题之一，截至 2019 年，全球约有 75% 以上的封闭型水体存在富营养化问题（Wang et al.，2019）。联合国环境规划署的一项水体富营养化调查结果表明，全球有 30%～40% 的湖泊和水库遭受不同程度的影响。

在水体富营养化中起关键作用的元素是氮和磷，其中磷是诱导水体富营养化的关键限制因子（陈剑 等，2011）。一般地说，当水体内无机态 TN（总氮）含量大于 0.2 mg/L，无机 TP（总磷）浓度大于 0.02 mg/L 时，就有可能引起藻华现象的发生，藻华是湖泊、水库等封闭性水域水体富营养化的重要标志（熊金燕，2010）。据报道，世界上有 80% 的湖泊属于磷控制型，10% 的湖泊富营养化与氮、磷元素直接相关，10% 的湖泊与氮和其他因素有关（金春玲 等，2018）。

水环境的污染从污染物来源上可分为点源污染和非点源污染（也称面源污染）。点源污染主要是工业废水、城市生活污水等集中排入湖库的固定污染源，非点源污染主要是以广泛分散的形式进入水体。从 20 世纪 70 年代开始，发达国家在工业废水和城市生活污水方面的处理率迅速提高，使点源污染得到了有效控制。但与此同时，农村面源污染造成的水环境问题日益凸显，其已经取代点源污染成为水环境污染的最重要来源，是实现水质控制目标的难点和关键。根据美国、日本等国家的研究，即使在点源污染全面控制（达到零排放）之后，江河的水质达标率也仅为 65%，湖泊的水质达标率为 42%，海域的水质达标率为 78%（朱兆良 等，2006）。

随着我国社会经济的快速发展，我国正面临湖泊、水库快速富营养化的巨大挑战。根据《2020 中国生态环境状况公报》显示，监测的 112 个重要湖泊（水库）中，Ⅰ～Ⅲ类水质的湖泊（水库）比例同比上升了 7.7 个百分点，劣Ⅴ类比例同比下降了 1.9 个百分点；110 个监测营养状态的湖泊（水库）中，贫营养状态湖泊（水库）占 9.1%，中营养状态占 61.8%，轻度富营养状态占 23.6%，中度富营养状态占 4.5%，重度富营养状态占 0.9%。

生态环境部公布的《2023 年第四季度和 1～12 月全国地表水环境质量状况》显示：第四季度监测的 208 个重点湖泊（水库）中，水质优良（Ⅰ～Ⅲ类）的湖泊（水库）个数占比同比上升 2.8 个百分点，劣Ⅴ类水质湖泊（水库）个数占比同比下降 1.0 个百分点。主要污染指标为 TP、化学需氧量和高锰酸盐指数。201 个监测营养状态的湖泊（水库）中，中度富营养状态的湖泊（水库）9 个，占 4.5%；轻度富营养状态的湖泊（水库）46 个，占 22.9%；其余湖泊（水库）为中营养或贫营养状态。其中，太湖和巢湖均为轻度污染、轻度富营养，主要污染指标为 TP；滇池为中度污染、中度富营养，主要污染指标为化学需氧量、TP 和高锰酸盐指数；洱海和白洋淀均水质良好、中营养；丹江口水库水质为优、中营养。1～12 月，监测的 209 个重点湖泊（水库）中，水质优良（Ⅰ～Ⅲ类）的湖泊（水库）个数占比 74.6%，同比上升 0.8 个百分点；劣Ⅴ类水质湖泊（水库）个数占比 4.8%，同比持平。主要污染指标为 TP、化学需氧量和高锰酸盐指数。205 个监测营养状态的湖泊（水库）中，中度富营养状态的湖泊（水库）8 个，占 3.9%；轻度富营养状态的湖泊（水库）48 个，占 23.4%；其余湖泊（水库）为中营养或贫营养状态。其中，太湖和巢湖均为轻度污染、轻度富营养，主要污染指标为 TP；滇池为轻度污染、中度富营养，主要污染指标为化学需氧量、TP 和高锰酸盐指数；洱海和白洋淀均水质良好、中营养；丹江口水库水质为优、中营养。

国内外研究表明，农业面源污染影响了世界陆地面积的 30% ~ 50% （李丹 等，2019），其中农田氮、磷流失是引起水体富营养化的重要原因。

1.1.2　农田氮、磷流失与水体富营养化

随着工业废水排放达标率的提高和城市污水处理系统的建设，点源污染得到了有效的控制或缓解。与此同时，面源污染因其具有空间的广泛性，时间的不确定性、滞后性、模糊性、潜伏性，信息获取难度大，危害规模大以及研究与管理难度大等特点而成为引起水环境污染的主要原因（Kouwen et al.，2001）。且在所有面源污染中，农业活动因其发生的普遍性和广泛性而被认为是引起地表水、地下水污染的主要来源（Carpenter et al.，2000；张维理 等，2004）。

众多研究表明，水体富营养化的发生与农田土壤中的氮、磷的流失有着密切的关系（Beegle et al.，2002），其中磷是淡水系统中最为重要的限制因子（高超 等，2000）。王甜等（2018）研究得出，引起水体富营养化的磷浓度值如果按 0.05 mg/L 计算，那么对径流深度为 200 mm 的流域来说年流失磷量只要达到 0.1 kg/hm² 就足以导致水体的富营养化。农田生态系统中投入过量的氮、磷元素会导致土壤中氮、磷含量超标（夏立忠 等，2003），在降雨和灌溉的作用下通过水土流失、地面径流、地下淋溶等方式排入附近水域（赵林萍，2009），导致水体中氮、磷营养元素增加，加剧了水体富营养化的发生。研究表明，氮、磷肥施用过量，无论是无机肥或有机肥都会在土壤中积累，由于过量施肥，土壤中氮、磷的盈余量在不断增加，而肥料的利用率一直得不到提高，这必然会导致氮、磷向水体流失的量显著增加（王春梅，2011）。

据报道，欧洲大约有 55% 的富营养化水体是由农业面源污染引起的（Kersebaum et al.，2003），并且其中大部分是表土的氮、磷流失（Erisman et al.，2011）。此外，据美国、日本等国家的报道，农业面源污染是水资源的第一大污染源，贡献率大于 50%（Assessment and Watershed Protection Division Office of Wetlands，Oceans and Watersheds，2013）。大量研究证明，农业高投入的湖区，更容易导致流域内氮、磷等营养物质的富集，农业用地占流域总面积的比例越大，输出的氮、磷总量和河流中氮、磷的浓度也随之增加（Lanyon et al.，2003）。

我国开展农业面源污染的研究起步比较晚，始于 20 世纪 80 年代初对北京城

区的径流污染研究以及湖泊、水库的富营养化调查和河流水质的规划研究（鲍全盛 等，1996）。截至 2002 年，全国遭受不同程度污染的农田达 $1280 \times 10^4 \ hm^2$，全国每年发生的急性污染事故中，有 60% ~ 80% 是农牧渔业污染事故，每年直接经济损失高达 10 亿元以上（贺峰，2005）。针对我国 532 条河流的调查表明，80% 的河流受到了不同程度的氮污染，同时氮、磷污染也对有河流汇集的湖泊、水库等地区的水质形成了较大的威胁（彭畅 等，2010）。进入地表水体的污染物中，46% 的沉积物、47% 的 TP、52% 的 TN 都是来自农业面源污染（魏红安，2011）。

1.2　施肥对农田氮、磷流失的影响

氮、磷肥的施用能增加土壤养分供应能力，保证农作物的稳产、高产（袁天泽 等，2010）。但由于不合理的施肥方式常导致氮、磷肥施用量过多而利用率较低，过量的氮、磷施入农田后难以被作物吸收利用。研究表明，氮肥当季利用率仅为 20% ~ 35%（朱兆良 等，2004），磷肥利用率更低，通常情况下，当季作物对磷肥只利用 5% ~ 15%，其在降雨和灌溉的作用下极易产生流失，氮、磷及其无机盐类可随地表径流进入地面水或下渗，通过地表侧向运动排入水体，导致水体的富营养化（杨丽霞 等，2007）。根据专家预测，我国农田氮素盈余量在 2015 年将达到 $2192 \times 10^4 \ t$，相当于 $179 \ kg/hm^2$（Christie et al.，2011），并且大部分以 $NO_3^- \text{-} N$（硝态氮）的形式在土壤中累积，在降雨或灌溉的作用下，极易发生向下移动，造成地下水硝酸盐污染（倪玉雪 等，2013）。据估计，全球每年有 30×10^4 ~ $40 \times 10^4 \ t$ 的土壤磷素迁移至受纳水体，美国每年由化肥和土壤进入水生态系统的磷达 $4.5 \times 10^7 \ t$ 左右，我国在 1949 ~ 1992 年间累计施入农田的磷肥达 $3.4 \times 10^7 \ t$，其中大约有 $2.6 \times 10^7 \ t$ 累积在土壤中（尹岩 等，2012），这既造成了磷肥的浪费，也必然导致农田中磷流失的风险，加速了水体富营养化过程。因此，在削减化学氮、磷施用量的前提下保证农作物的稳产高产，是有效控制农业面源污染的关键措施之一。

1.2.1　化肥对农田氮、磷流失的影响

众所周知，我国以世界上 7% 的耕地养育了世界上 22% 的人口，这与化肥的使用密不可分。但是不足 30% 的化肥利用率使得土壤中的氮、磷急剧增加，在

大雨或漫田灌溉时大量被流水带走，最终随水汇入水体，造成水体的富营养化，同时为了补充流失的养分，农民又会加大施肥量，造成氮、磷的进一步富集。全球化肥用量在第二次世界大战后迅速增加，氮肥产量在 1950 年还不足 1000×10^4 t，1990 年就已高于 8000×10^4 t，预计到 2030 年将超过 1.35×10^8 t；磷肥在 1950 年用量还不足 500×10^4 t，1990 年已达到 1800×10^4 t，估计到 2033 年达到用量峰值，约为 3000×10^4 t（Cordell et al.，2011）。此外，我国单位耕地面积化肥施用强度从 1980 年的 94.83 kg/hm^2 增加到 2008 年的 430.43 kg/hm^2，蔬菜主产区的化肥施用量更是高达 1000 kg/hm^2，远远超过了发达国家为阻止化肥对水体污染而设定的安全上限（225 kg/hm^2）（汪翔 等，2011）。由于化肥的当季利用率非常低，且农民又在不断地增加化肥的施用量，使得肥料中的氮、磷等营养元素在土壤中不断累积，极易造成氮、磷的大量流失。

研究表明，农田氮流失量与施肥量密切相关，每增施 1 kg/hm^2 氮素，氮的径流流失即增加 0.56 ~ 0.72 kg/hm^2，淋溶流失增加 0.136 kg/hm^2（孙彭力 等，1995）。在法国，由于长期大量施用化肥，使饮用水的 NO_3^--N 污染十分严重，如巴黎附近的博斯地区，地下水的 NO_3^--N 浓度高达 180 mg/L（Dolfing et al.，2006）。英国农田耕层土壤中的磷有 1/3 ~ 1/2 是由于施用磷肥而积累起来的（Cooke，1986）。据统计，当季施用的氮素化肥中，被水稻、小麦等主要农作物吸收利用了 20% ~ 40%，20% ~ 25% 随降水排出农田，对水体 NO_3^--N 污染来说，NO_3^--N 含量随着年施氮肥量的增加而增加，呈极显著的正相关，其中氮素化肥占了 50% 以上（蔡冬清 等，2007）。大量研究通过对水稻施肥量不同的试验，探讨了施肥量对产量及磷肥利用率的影响，结果表明，水稻产量最高的并不是施肥量最大的处理，磷肥的当季利用率随着施肥量的增加而降低（卜容燕 等，2014）。贾佳（2001）在黄棕壤上用等量磷肥以不同分配方式进行田间试验，研究结果表明，磷肥当季最高利用率仅有 18.9%，且随施肥量的增多利用率明显降低。王生录（2003）在黄土高原旱地上的研究也表明，磷肥的当季利用率随着用量的增加而降低。

我国化肥用量在 1986 ~ 2002 年增加了 2.4×10^7 t（曹利平，2004），据估计，我国化肥的需求量在今后一段时间内还将继续增长。三峡库区农业化肥的氮、磷流失污染占库区面源污染总负荷的 51.2%（黄真理 等，2006）。库区化肥用量大且施用量逐年增加，其中氮肥年递增率为 2.47%，磷肥年递增率达 6.81%，这些肥料在土壤中不断累积，最终将促进土壤中氮、磷的流失（曹彦龙 等，

2008）。王玉梅等（2009）对山东省化肥流失状况及其对水环境污染的影响分析表明，山东省农用化肥流失到水环境中的 TN、TP 和 NH_4^+-N（氨态氮）的年均流失量分别高达 58.65×10^4 t、13.12×10^4 t 和 5.87×10^4 t，致使全省省控 65 条河流 141 个监测断面中为 V 类标准和劣于 V 类标准的分别占 17.73% 和 48.23%，全省 4 个湖泊的 12 个测点中 8 个测点均劣于 V 类标准。黄宗楚（2005）对上海旱地农田氮、磷流失的研究表明，随地表径流和渗漏两种氮、磷输出途径而排出农田的氮、磷总量分别为 230.29 kg/hm^2 和 27.73 kg/hm^2，通过推算，旱地农田每年平均有 3.45×10^4 t TN 和 0.12×10^4 t TP 通过地表径流和渗漏流失进入河网水环境，加速了水体富营养化的进度。

1.2.2 有机肥对农田氮、磷流失的影响

施用有机肥是我国的传统农业措施之一，并且有机肥含有丰富的氮、磷、钾和微量元素，易于作物吸收利用，还能改善土壤结构、增加土壤养分、增强土壤微生物活性、降低污染土壤的重金属毒性以及提高作物品质等（尚来贵 等，2013）。然而，多数国家尚未制定单位耕地面积畜禽粪便承载量的相关标准，导致生产过程中农户大多凭经验而进行习惯性施肥，对农田土壤环境及周边水域环境造成潜在威胁（郭智 等，2013）。越来越多的研究表明，长期不合理施用有机肥不但不能增加作物产量，反而会导致氮、磷在土壤中的积累，对土壤、水体和大气等都将造成潜在威胁，且有机肥被认为是温室气体的重要来源之一（张凤华 等，2009）。因有机肥大多养分含量较低，体积较大，不便于运输，致使大量的有机肥都集中施在数量有限的农田中，这样往往造成养分得不到充分利用而从农田流失到水体中，因此，许多发达国家的有机肥面源污染比化肥更严重（宋春萍 等，2008）。

研究表明，施用有机肥主要会产生 NO_3^--N 污染，因为有机肥矿化产生的 NH_4^+-N 除了部分被作物吸收利用外，大部分转化成 NO_3^--N，且 NO_3^--N 量随着有机肥施用量的增加而增加（杨蕊 等，2011）。与施用矿质态氮肥相比，施用有机肥淋失的氮素量相对较高（Kaupenjohann et al.，2002）。此外，国外的多项研究表明有机肥尤其是畜禽粪便，普遍含有较高的水溶性磷（Dou et al.，2006），大量施用畜禽有机肥也会导致农田磷素的流失（Allen et al.，2008），如果有机肥在施入土壤后短时间内遇到暴雨或持续降雨将会大大增加土壤磷流失的风险（Favaretto et al.，2009）。Binford 等（1996）在连续 40 年施用了有机磷肥和无机

磷肥的农田研究发现，有机磷在土壤剖面中的迁移深度大于无机磷，且有机磷的迁移与土壤最大磷吸附量无关。施用有机磷肥超过植物生长的最大吸收量会引起磷素在土壤剖面累积（Koopmans et al.，2007），当土壤对磷的吸附达到最大时，会加速磷向下运输，从而增加地下水中磷的浓度。当有机肥施用于易发生径流流失的区域时，必然会增加氮、磷的流失风险（McDowell，2004）。

随着集约化养殖业的快速发展，畜禽有机肥产量越来越多，畜禽有机肥成为农业上重要的肥料来源。2002 年我国畜禽粪便产生的磷素总量为 948×10^4 t，相当于当年化肥投入磷素总量 1060×10^4 t 的 89%（武淑霞，2005）。全球有机肥用量在短时间内仍是呈现出不断增加的趋势，并且在发展中国家和地区表现得更加突出，这些地方有机肥被广泛且大量施用，更加剧了氮、磷流失的风险（Cordell et al.，2009）。

研究认为，有机质含量高的土壤对温度变化十分敏感，水溶态磷素会不断从矿物质以及聚磷酸盐中释放出来，进一步增加了土壤磷素流失的风险（Holden et al.，2013）。有机肥能提高土壤磷素有效性，主要是因为增施有机肥可提高土壤有机磷量，并通过矿化作用释放出无机磷；有机质含有大量阴离子，这些阴离子既能与 Fe^{3+}、Al^{3+}、Ca^{2+} 等形成稳定螯合体而释放出磷，也能参与竞争土壤固相的专性吸附位点，抑制对水溶态磷的吸附固定，提高磷肥利用的有效性；此外，有机物分解过程中产生的有机酸能溶解土壤中难溶态磷酸盐，对磷起活化作用（向万胜，2004）。针对有机肥中水溶性磷和地表径流磷流失量的相关性的研究结果表明，这两者间存在显著的相关性（Kleinman et al.，2003）。

随着学界对有机肥所带来的环境问题的关注，国内也有越来越多的研究指向有机肥的氮、磷流失以及其对面源污染的影响。据估算，当前全国有机肥资源量约为 49.5×10^8 t，可提供氮、磷、钾（$N + P_2O_5 + K_2O$）养分约 7400×10^4 t（李书田 等，2011），但是，由于技术和政策等方面的原因，有机肥有效返还农田的比例仍然不高，加剧了环境风险（刘晓燕 等，2010）。长期试验表明，在 1942～1960 年的 18 年中化学磷肥（过磷酸钙）中的磷下移至 23 cm，而厩肥中的磷则能够下移至 60 cm，大量施用畜禽有机磷肥会使得 0～100 cm 土层中的磷素显著增加。秦鱼生等（2008）对 25 年稻麦轮作长期定位的施肥试验点的研究结果显示，有机磷肥和无机磷肥的配施不但使土壤磷素可迁移至单施无机磷肥相同的深度，并且迁移量更大，土壤速效磷（Olsen-P）可迁移深度更深。施用有机磷肥促进了磷素从耕层向底层的迁移，是造成土壤磷素迁移的一个重要因素。

施用有机肥容易造成土壤中无机氮含量过高，而且有机肥中有机氮矿化过程缓慢，土壤中有机氮素的长期累积最终必然会通过矿化进入环境之中（樊羿，2006）。张维理等（2004）的调查研究指出，即使不施用化学氮肥，在大量施用有机肥的情况下，也会引起地下水硝酸盐含量的升高。纪雄辉等（2007）对施用猪粪和化肥对稻田土壤表面水氮、磷动态的影响的研究结果显示，猪粪处理的表面水 NO_3^--N 和 TP 浓度高于化肥处理，试验在施肥后的 10～20 天可观察到田间藻类的产生，且施用猪粪较施用化肥产生率高、产生量多。

赵林萍（2009）通过原位人工模拟降雨试验研究了华北地区施用有机肥对农田氮、磷流失的影响，结果表明：施用高量有机肥，淋溶和径流中的氮、磷流失量都极高。黄凯（2011）在洱海流域连续监测和模拟降雨试验研究畜禽粪便造成的氮、磷流失得出：畜禽粪便中的氮、磷通过降雨冲刷和渗透的途径进入环境，可流失的氮、磷元素量最多可达到畜禽粪便中氮、磷含量的 60% 左右。杜晓玉等（2011）通过田间原位模拟降雨试验研究了施用的有机肥中氮组分的量、土壤氮含量、农田氮素流失浓度及流失量三者间的关系，结果表明：随着单位面积施入农田的畜禽有机肥中可矿化氮的增加，0～20 cm 土层土壤中可矿化氮的含量也随之增加，农田渗漏液中 TN、可溶性总氮（TDN）、NO_3^--N 的浓度增高，径流水中 TN、TDN 的流失量也随之增加。朱晓晖等（2013）通过田间原位模拟降雨试验研究了畜禽有机肥施入土壤后引起的土壤磷含量变化对农田磷流失的影响，结果表明：随着有机肥用量增加，径流和渗漏流失液中的磷含量呈显著增加趋势。薛石龙等（2013）通过田间小区试验研究有机肥施用量对菜心产量、土壤磷形态的影响，结果表明：过量施用有机肥菜心产量会显著降低，且施用有机肥显著提高了 Olsen-P 和水溶性磷的质量分数，随着含磷量的增加，土壤对磷的固定能力减弱，增加了环境污染风险。

1.3 紫色土区农田氮、磷流失现状

1.3.1 紫色土区农田氮、磷流失的研究现状

紫色土是我国特有的一种土壤类型，主要分布于长江流域，以四川、重庆两地最为集中。紫色土发育于亚热带和热带气候条件下，是由紫色砂页岩风化形成的 A—C 型初育土，其易风化，土体较薄，质地松软，孔隙度大，入渗能力高，

集中分布于我国长江中上游的低山丘陵区，是一种侵蚀型的高生产力岩性土，适宜作物生长（刘刚才 等，2002）。但是，紫色土耕地区大多属于坡耕地，且该区域又处于我国的集中降雨区，雨量充沛，暴雨集中，这些因素为坡地径流创造了很好的条件，使得该区域极易发生土壤侵蚀（Wang et al.，2012）。此外，严重的水土流失、不合理的农业耕作和施肥造成面源污染日益严重，以过量施用氮肥引起的面源氮污染尤为突出（陈克亮 等，2006）。在自然和人类活动的干扰及其叠加效应下，养分淋溶强烈，目前，紫色土侵蚀面积和侵蚀强度仅次于我国北方的黄土（孙军益 等，2012）。紫色土区土壤和养分流失不仅对土壤质量产生了巨大的威胁，成为农业生产进一步发展的主要障碍，而且严重影响长江中下游水质和水利设施，是长江中上游粮食安全的巨大隐患。紫色土农田氮、磷流失已成为三峡库区主要的农业面源污染来源，为库区水体带来负面影响。

紫色土是三峡库区主要的土壤类型，占耕地面积的78.7%，大部分属于中度侵蚀以上的水土流失区（黄丽 等，1998），其是长江及主要支流泥沙的主要来源（陈晓燕，2009）。农田生态系统中，氮、磷流失最有可能发生在大量使用氮、磷化肥的高产田（马保国 等，2007）。紫色土本身的土壤特性和所处的地貌为紫色土区发生土壤和养分流失提供了条件，加之紫色土区肥料施用量大、降水量大且集中，进一步加剧了土体内养分向环境的流失（林超文 等，2007）。傅涛等（2003）研究紫色土养分流失的试验表明，紫色土坡面养分主要通过径流和泥沙携带流失。

紫色土的地质特征和风化特征决定了紫色土壤中流的普遍存在，贾海燕等（2006）对紫色土区NO_3^--N的流失研究表明，在紫色土地区，氮素的流失途径包括地表径流和壤中流，并且壤中流是NO_3^--N的主要流失途径，无论是否施肥，壤中流中NO_3^--N的浓度均高于地表径流，施肥小区的壤中流中NO_3^--N的流失量占总流失量的90%以上，这与当地施肥习惯的耦合效应增大了该地区NO_3^--N的流失风险有关。余贵芬等（1999）利用渗漏池研究了紫色土中氮的移动和淋失，结果表明：旱作小麦生长期间淋失氮素主要是NO_3^--N，且在苗期移动最强，而水稻淹水期间淋失的氮素基本形态是NH_4^+-N，主要分布在土壤表层，并随时间的推移而下移。陈克亮等（2006）研究了川中紫色土区旱坡地面源氮的输出特征，结果表明：地表径流中以无机氮和颗粒态氮为主，并且不同种植方式之间以颗粒态氮影响最大。李庆召等（2004）研究表明紫色土旱地径流磷素输出主要以颗粒吸附态磷素为主。徐泰平等（2006）通过研究不同施肥试验田的渗漏水得出，紫色土渗漏水量与降雨量呈明显的指数关系。韩建刚等（2010）对紫色土小流域氮、磷流失特征的研究表明，氮素流失的主要形态是 NO_3^--N，其占到次降雨无机氮流失总量的 88%～97%。王超等（2013）对紫色土区氮、磷输移特征的研究发现，氮素流失主要通过可溶态的方式，而磷的迁移以颗粒态为主。

万丹（2007）通过野外试验与室内人工模拟试验研究了不同种植模式下紫色土的氮、磷流失量，结果表明梯地最小，经果林次之，坡耕地最大，说明紫色土坡耕地更易发生氮、磷流失。姚军（2010）采用径流小区定点监测的方法，研究了紫色土坡耕地在不同施肥水平下氮、磷的流失特征，结果表明：施肥水平和降雨量对径流中氮、磷浓度均具有显著的影响，复合施用农家肥和化肥时，径流中氮素及可溶性磷浓度较稳定。紫色土耕地区主要是山地和丘陵，这些坡耕地增加了地表径流的流失风险，黄利玲等（2011）对三峡库区紫色土旱坡地不同坡度土壤磷素流失特征的研究表明，地表径流量和侵蚀泥沙量都随着坡度的增大而增大，并且以泥沙携带的颗粒态磷为主。张倩等（2013）通过室内土柱模拟试验，研究氮肥种类及施用量对紫色土 NO_3^- 和盐基离子淋溶特征的影响，结果表明：施用氮肥能增加土壤中 NO_3^- 和盐基离子的淋失量，且氮肥浓度越高，淋失量越大，导致土壤性能下降。因此，在容易发生土壤侵蚀的紫色土上增加肥料用量，不但不能起到增产的效果，反而会降低肥料的利用率，增加土壤营养物质流失的风险，降低土壤的生产力。王洪杰等（2002）探讨了四川紫色土区小流域养分的流失规律，研究结果表明：土壤养分流失的主要途径是径流的流失，但由于产沙量较少，泥沙携带的潜在土壤养分的流失总量并不多。秦鱼生等（2008）研究了长期定位施肥条件下碱性紫色土上的磷素迁移与累积，结果表明：无论是施用有机磷肥还是无机磷肥，磷都可以迁移至 100 cm 的土层，并且随着时间的推移，磷素在土壤中的含量逐渐增加，磷素流失的风险也逐渐增加。

1.3.2 紫色土区农田氮、磷流失的环境风险

土壤侵蚀和水土流失是世界性的环境问题，不但会导致含有丰富营养物质的表土流失，使土地退化、生产力水平降低，而且径流所携带的泥沙与养分还会淤积在河道与水库，并导致受纳水体的富营养化（姚军 等，2013）。紫色土区在我国国民经济中占有重要的地位，该土区不仅地域辽阔而且自然资源丰富，对我国西南地区的经济发展起到关键性作用（王亮，2009）。但是，紫色土土层浅薄，土壤质地轻，土壤饱和渗漏率大（可达 2～3 mm/min），所以紫色土土壤保水保

肥能力低，土壤下渗水量很大，为土壤养分的淋失提供了条件（李仲明 等，1991）。此外，紫色土耕地通常坡度较大，土质疏松，且广泛分布于丘陵区，是水土流失的重要策源地，也是引起长江支流河道淤塞、加重农业面源污染的主要影响因素，严重阻碍了库区农业的可持续发展。

因紫色土处于我国的湿润地区，土壤水分含量高，土壤和肥料的有效养分易随水迁移进入水体。袁正科等（2005）对红壤和紫色土区域植被恢复中的水土流失过程进行了长期的定位研究，结果显示：紫色土林地的水土流失量和单位面积的泥沙流失量均大于红壤，红壤较紫色土区生态恢复快，在未进行造林恢复时，$2° \sim 17°$坡度的紫色土区土壤侵蚀量达 5619.89 t/km^2，由此说明紫色土区上易发生土壤侵蚀，并且恢复难度大。李静等（2005）对比分析了三峡库区消落带紫色土和水稻土对磷的吸附解吸特征，结果表明：水稻土的固磷能力明显高于紫色土，其对磷的缓冲能力强，在一定条件下磷由固相转入液相被淋溶或随径流流失的风险要明显低于紫色土，因此，在三峡库区紫色土更易发生磷流失，增加对库区水环境的污染风险。地表径流是磷流失的主要方式，当 Olsen-P 达到某一临界值时，土壤中磷的淋失量会显著增加，造成对地下水的磷污染。李学平等（2008）采用原状土壤渗漏计的方法研究了紫色土稻田磷素的淋失特征及其对地下水的影响，结果表明：供试的酸性、中性和碱性紫色土都在 100 cm 处检测到了较高的磷含量，尤其在施肥后的前 60 天，TP 浓度都超过了临界值，同时紫色土区水稻季雨量大，地下水水位通常低于 100 cm（国土资源部，2000），所以紫色土区水稻季会造成地下水磷的污染。

邱泽东等（2014）通过建立模型和室内模拟试验对 $NO_3^- $-N 在紫色土和石灰土中的淋溶过程进行了研究，通过对土壤的结构表征可以看出紫色土的土壤颗粒表面粗糙，颗粒形状不均一，颗粒表面有层状/片状土，颗粒之间有大量的狭缝，而石灰土的土壤颗粒形状分布较好，土壤颗粒尺寸较小，颗粒表面粗糙，有较多的凹陷和微孔，最终结果表明 $NO_3^- $-N 在紫色土中更容易被淋溶下来。易时来等（2004，2006）研究了氮素在不同紫色土农田中的淋失情况，根据在紫色土农田种植小麦和油菜的研究结果显示，氮素的淋失量大小为酸性紫色土 > 中性紫色土 > 钙质紫色土，3 种紫色土氮流失的趋势基本相同，形态主要为 $NO_3^- $-N，淋洗损失的氮素中来自土壤的氮约占 1/3，来自肥料的氮约占 2/3，试验结果还显示，在紫色土上即使不施氮肥也存在 $NO_3^- $-N 淋失和对水体污染的潜在风险，因此控制氮肥用量是减少紫色土中氮素淋失的有效途径。杨佳嘉（2014）通过 [15]N 同位素稀释法研究了紫色土氮的转化特征，结果表明：紫色土的初级硝化速率明显高于初级矿化速率，这容易导致土壤矿化释放的 NH_4^+-N 或肥料氮快速转化为 NO_3^--N，使得土壤中的氮淋溶风险很高，极易引发氮素的负面环境问题。

　　紫色土坡耕地占三峡库区耕地总面积的 78.7%，是典型的生态脆弱区，加之其是重要的农业区，化肥用量高，严重的水土流失会携带大量营养物质进入水库，是库区农业面源污染物的主要来源地（Ge et al.，2007）。据报道，三峡库区化肥年流失总量超过 10000 t，农业面源污染源对三峡库区水体的污染已达 80%（曹彦龙 等，2007）。三峡库区水体环境安全隐患逐渐增大，尤其是在库区回水区和库湾等区域，近年来出现了不同程度的水体富营养化。三峡库区是我国中西部经济圈的腹心区域，其水环境质量的好坏直接影响库区乃至长江流域居民的生活品质，其决定了区域社会经济是否能稳定健康地发展（刘京，2011）。随着三峡库区蓄水量的增加，库区大量耕地被淹，耕地资源不足的矛盾日益尖锐。因此，如何防止三峡库区坡耕地遭受土壤侵蚀、保持土壤潜在生产力、促进库区农业持续发展，已成为亟待解决的重大民生问题。

2 模拟紫色土旱地施用有机肥后的氮、磷流失特征

农田氮、磷流失的方式有两种：地表径流和地下渗漏（包括淋溶和侧渗），当降雨强度大于土壤水分的下渗速度时就会产生地表径流（徐爱国，2009）。地表径流主要受降雨强度、坡度、覆盖度等的影响，渗漏与土壤层次、质地、结构等关系密切，二者均是在水力作用下的元素迁移过程（连纲 等，2004）。因此，降雨的特点直接影响地表径流与渗漏的发生，降雨产流成为农田氮、磷流失的主要因子（高超 等，2004），控制着面源污染负荷的产生。此外，土壤的养分流失还受到多方面因素的影响，诸如降雨特性、土层厚度、施肥效果、土壤抗蚀性、土壤的理化性质及温度等。为减少一些不可控制因素对试验结果的影响，本章在室内进行人工模拟试验，以不施肥处理作为空白对照，化肥处理作为施肥对照，研究施用有机肥后紫色土中的氮、磷流失特征。

2.1 材料与方法

2.1.1 试验材料与试验设计

2.1.1.1 供试材料

A 供试土壤

供试土壤采自重庆市北碚区某紫色土坡耕地，采样前先去除土壤表面生长的植物以及杂物，再采用多点采样法采集供试土壤原始土样，并测定其基本理化性质，见表2-1。

B 供试肥料

为提高试验结果的代表性，本书选取重庆地区常用的化肥和有机肥作为供试肥料。化肥为磷酸氢二铵，采自重庆市北碚区农贸市场；有机肥选取牛粪肥、油

枯、奶牛养殖场沼液和有机-无机复混肥，其中牛粪肥代表动物性固态有机肥，油枯代表植物性固态有机肥，奶牛养殖场沼液代表液态发酵有机肥，有机-无机复混肥代表工业化有机肥。牛粪肥和奶牛养殖场沼液采自重庆市天友乳业股份有限公司北碚区奶牛养殖基地，牛粪采回后风干打碎备用，油枯和有机-无机复混肥采自北碚农贸市场。测定各肥料样品中的 TN、TP 含量，测定方法参照《土壤农化分析》（第 3 版），肥料中的氮、磷含量见表 2-2。肥料的施用量根据重庆地区耕地农事习惯的常规施氮量进行确定，据此设定施肥量（以肥料所含纯氮计）为常规用量 300 kg/hm² 和高量 450 kg/hm² 两个梯度，具体用量根据各种肥料实际所含氮量进行折算。

表 2-1　人工模拟试验土壤基本理化性质

TN/g·kg⁻¹	TP/g·kg⁻¹	有机质/g·kg⁻¹	pH 值	CEC/cmol·kg⁻¹
0.91	1.83	25.13	7.58	21.57

表 2-2　人工模拟试验肥料养分　　　　　　　　（g/kg）

养分	牛粪（干）	沼液	油枯	有机-无机复混肥	化肥
TN	24.56	1.92	41.57	142.75	185.16
TP	13.23	1.37	11.67	39.74	450.42

2.1.1.2　试验装置

A　模拟人工径流槽设计

试验土槽采用自制铁质土槽，土槽规格为长 1 m、宽 0.6 m、高 0.5 m，土槽一宽边高 0.4 m 处连接一个径流收集桶和一个出水管，根据重庆市坡耕地耕层土壤厚度（70% 以上在 0.33 m 以下）设计填充总的土壤厚度为 0.4 m，土槽另外一宽边下部支撑一个可调节高度的支架，可通过支架的提升和下降来调节土槽的倾斜度，从而控制土槽内土壤的坡度。该自制土槽的设计可以模拟不同坡度下土壤受人工降雨的侵蚀过程，并且可以收集到所产生的径流水样。根据重庆市地形坡度等级划分，市内低山丘陵地区的耕地坡度集中在 5°～20°，本试验选取 5°、

15°为坡度的设计值。模拟径流装置如图 2-1 所示。

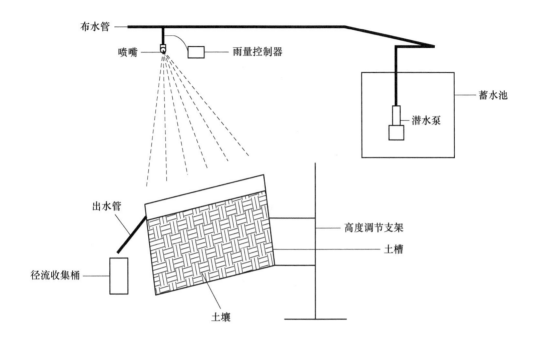

图 2-1　模拟径流装置

B　模拟淋溶土柱设计

模拟淋溶试验装置为自制的高 1 m、内径 0.2 m 的圆形 PVC 模具，底部含出水小孔，可接收淋溶水样。为保证出水效果，本试验在模具底部装填洗净的石英砂和砾石，该层高度为 0.2 m，在石英砂和砾石上铺设一张尼龙网后再装填土壤。试验前，根据农田实际土壤特性（容重）分层制作：先从试验区具有代表性的田块中分层次（每 0.2 m 为一层）取土，把取回的土壤按层充分混匀，直立模具后从下往上分层装土，土层高度为 0.7 m。试验用土柱在试验前一周装好，充分灌水使其自然沉实，然后再加入定量肥料，备用。模拟淋溶土柱装置如图 2-2 所示。

C　人工降雨装置设计

本次人工试验在西南大学资源环境学院人工降雨大厅进行，所使用的人工降雨机是 Norton Veejet 80100 型喷嘴式人工降雨机，该降雨机将水喷出后会采用一定的碎流措施，将喷出的水流破碎成不同大小的雨滴，可较好地模拟自然条件下

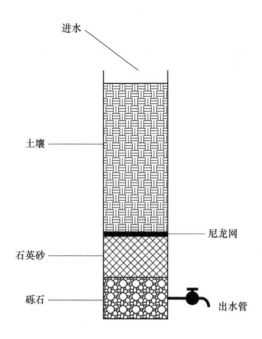

图2-2 模拟淋溶土柱装置

降雨雨滴分布、降雨均匀度及其雨滴终点速度。根据重庆市气象资料显示，重庆市年平均降雨量在1100 mm左右，最大降雨量在6月和7月，最小降雨量在1月和2月，月平均降雨量在10～200 mm。根据地表径流产流特征、地表径流携带的地表物质及其对水体的影响，同时结合试验仪器规格进行考虑，本试验选取的降雨强度为83 mm/h、104 mm/h。人工降雨雨水采用自来水，试验前测定水中TN、TP含量作为背景值，在计算径流水样时予以扣除。

2.1.1.3 试验设计

A 径流试验

选取了牛粪、奶牛养殖场沼液、油枯、有机-无机复混肥作为供试有机肥，以不施肥处理作为空白对照，化肥处理作为施肥对照进行模拟径流试验，设计试验坡度为5°和15°，降雨强度为83 mm/h和104 mm/h，施肥量根据农事习惯以各肥料所含纯氮量折合，选用常规用量300 kg/hm² 和高量450 kg/hm²，采用完全设计，共计48个处理，每个处理重复3次，试验设计见表2-3。

表2-3 模拟径流试验设计

试验因素	径 流 场 次							
	1	2	3	4	5	6	7	8
施肥量/kg·hm^{-2}	450	300	450	300	450	300	450	300
坡度/(°)	15	15	15	15	5	5	5	5
降雨强度/mm·h^{-1}	104	104	83	83	104	104	83	83

B 淋溶试验

淋溶试验同样以不施肥处理作为空白对照，化肥处理作为施肥对照，选取牛粪、奶牛养殖场沼液、油枯、有机-无机复混肥作为供试有机肥进行模拟淋溶试验，设计试验降雨强度为25 mm/h、50 mm/h、75 mm/h 和100 mm/h，施肥量为常规用量300 kg/hm^2 和高量450 kg/hm^2，采用完全设计，每种肥料处理8次淋溶试验，共计48个处理，每个处理重复3次，试验设计见表2-4。

表2-4 人工模拟淋溶试验设计

试验因素	淋 溶 场 次							
	1	2	3	4	5	6	7	8
施肥量/kg·hm^{-2}	450	450	450	450	300	300	300	300
降雨强度/mm·h^{-1}	25	50	75	100	25	50	75	100

2.1.1.4 试验方法（实施）

土壤取回人工降雨大厅后，先将土壤进行细分，使之大小接近田间耕作土壤后再装填进土槽和土柱。每5 cm填装一层土样，在填装上层土料之前，抓毛下层土壤表面，以防土层之间出现分层现象，逐层填装。在采集土料和土料填充后分别测定土壤含水量，若土槽和土柱内土壤含水量与原土相比水分散失，则补充一定水分使之保持一致，以便使试验土料最大程度上接近自然耕作土壤。土壤填装后，按照土槽和土柱大小计算出各种肥料用量，并于人工降雨前一周将供试的各种肥料施于表土，并使之均匀分布在土壤表层，之后用塑料薄膜将土槽和土柱覆盖以防止水分损失和因挥发等带来的肥料损失。待土壤和肥料充分作用后，开始进行降雨试验。各土槽和土柱出水口处放置洗涤干净的聚乙烯塑料瓶，降雨过程中所有的径流和淋溶液都被收集在塑料瓶内。

人工模拟试验的试验条件包括肥料种类、施肥量、坡度、降雨强度，设计每个处理降雨历时 60 min，以不施肥土槽和土柱作为空白对照，化肥处理作为施肥对照，每个处理重复 3 次，采用完全设计进行试验。

2.1.2　样品采集与分析

将收集到的各处理径流和淋溶水样搅匀，采集足够分析和保留所需的样品，做好标记，带回实验室，进行水样分析，对混合水样直接测定 TN、TP 浓度，样品用 0.45 μm 滤膜过滤，测定 TDN（可溶态氮）、TDP（可溶态磷）、NO_3^--N 和 NH_4^+-N 浓度，径流水中的悬浮 PN（颗粒态氮）和悬浮 PP（颗粒态磷）利用差减法计算得出，所有指标在 24 h 内完成，不能完成的冰冻保存，测定项目和方法见表 2-5。

表 2-5　水样测定项目及方法

测 定 项 目	前 期 处 理	测 定 方 法
TN	碱性过硫酸钾消解	紫外分光光度法
NO_3^--N	0.45 μm 滤膜过滤	紫外分光光度法
NH_4^+-N	0.45 μm 滤膜过滤	靛酚蓝比色法
TDN	0.45 μm 滤膜过滤	紫外分光光度法
TP	过硫酸钾消解	钼锑抗分光光度法
TDP	0.45 μm 滤膜过滤	钼锑抗分光光度法

2.1.3　数据处理

对试验所获得的数据用 SPSS 19.0 和 Excel 2003 进行统计分析。在径流模拟试验中，选择不施肥处理作为空白对照，化肥处理作为施肥对照，各有机肥处理径流中 TN、TP 相对于化肥处理的流失率计算公式如下（后面各章节计算方法与之相同）：

$$有机肥\ TN(TP)相对流失率(\%) = \frac{(c_有 - c_空) - (c_化 - c_空)}{c_化 - c_空} \times 100\%$$

式中，$c_有$ 为有机肥处理 TN（TP）浓度；$c_化$ 为化肥处理 TN（TP）浓度；$c_空$ 为空白处理 TN（TP）浓度。

2.2　结果与分析

2.2.1　有机肥对径流氮、磷流失总量的影响

在实际的农业生产活动中，影响地表径流氮、磷流失的因素众多，诸如地形地貌、土壤类型、降雨特征、地面覆被、肥料种类和数量等，本书考虑到试验条件，设计了不同的施肥量、降雨量和坡度 3 个影响因素来模拟有机肥处理在地表径流上的氮、磷流失情况。鉴于研究人员对施用化肥对氮、磷流失的影响关注较多且为研究人员所熟悉，本书对有机肥处理 TN 和 TP 的流失采用以施用化肥为对照的相对流失率来计算，计算公式见 2.1.3 节，以下各章节均采用相同方法表达。

2.2.1.1　径流氮流失

利用 SPSS 对模拟径流各处理的 TN 浓度采用 Duncan 检验法进行多重比较，结果表明：供试有机肥处理和化肥处理之间无显著差异（$p > 0.05$），但均显著高于不施肥处理（$p < 0.05$），试验各处理氮流失大小表现为牛粪 > 有机-无机复混肥 > 化肥 > 沼液 > 油枯 > 空白。图 2-3 显示了以不施肥处理为空白对照、化肥处理为施肥对照的供试各有机肥处理的径流 TN 相对流失率。从试验结果可知，有机肥处理 TN 流失浓度是化肥处理流失浓度的 75.62% ~ 137.29%，在供试各有机肥处理中，牛粪处理的 TN 流失浓度均较高，在 2 ~ 6 场模拟径流试验中的流失浓度均高于化肥处理，高出 4% ~ 37.29%，其余 3 场仅低于化肥处理 2.38% ~ 9.85%；沼液处理的 TN 流失浓度与化肥处理相比相差 − 24.38% ~ 15.84%；油枯处理的 TN 流失浓度与化肥处理相比相差 − 22.91% ~ 12.87%；有机-无机复混肥处理的 TN 流失浓度与化肥处理相比相差 − 23.81% ~ 19.28%。模拟试验结果

可以说明，有机肥的施用会引起与化肥处理相差不大的径流氮流失，在一定条件下甚至会产生比化肥处理更多的氮流失。

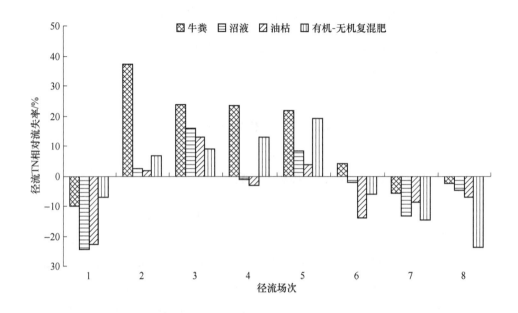

图 2-3　有机肥处理的径流 TN 相对流失率

引起以上现象的主要原因是有机肥中含有较化肥更多的碳素，这使得有机肥的施用会增加土壤中的碳和氮，能够让土壤微生物获得充足的碳源和氮源，有利于增加微生物数量、提高微生物活性（朱菜红 等，2010）。此外，有机肥和土壤中的氮大部分以有机态的形式存在，在微生物的矿化作用下，能转化成容易被迁移转化和吸收利用的矿物氮（赵长盛 等，2013）。因此，有机肥的施用能够促进土壤和肥料中氮的转化，是土壤可溶性养分的主要来源之一（周建斌 等，2005）。太湖流域氮素对水体面源污染的贡献研究表明，农田径流和淋失中的氮素 80% 来自有机肥的矿化氮（林葆，2003），这也说明了施用有机肥后能够增加土壤 TDN 的含量，加之有机肥本身含有较高的可溶性有机氮（赵满兴 等，2008），在降雨的作用下，这些形态的氮就会随水流失，因此，有机肥处理的 TN 流失与化肥处理相差不大甚至会高于化肥处理。

2.2.1.2　径流磷流失

模拟径流各处理的 TP 浓度的多重比较结果显示，供试有机肥处理和化肥处理之间无显著差异（$p>0.05$），但均显著高于不施肥处理（$p<0.05$），试验各处理磷流失大小表现为牛粪＞化肥＞有机-无机复混肥＞油枯＞沼液＞空白。各有机肥处理径流 TP 的流失浓度与化肥处理流失浓度的比较如图 2-4 所示，对试验结果的分析可知，有机肥处理 TP 流失浓度是化肥处理流失浓度的 73.44%～133.33%。在供试各有机肥处理中，牛粪处理的 TP 流失浓度相对较高，在 8 场模拟径流试验中有 4 场的浓度高于化肥处理，高出 8.06%～33.33%，其余 4 场的流失浓度仅低于化肥处理 0.56%～9.38%；沼液处理、油枯处理和有机-无机复混肥处理的 TP 流失浓度均低于化肥处理，其中沼液处理相差 1.75%～26.56%，油枯处理相差 −21.88%～15.79%，有机−无机复混肥处理相差 −16.48%～12.33%。模拟试验结果可以说明，因施用有机肥而产生的径流磷流失与施用化肥产生的径流磷流失差异不显著。

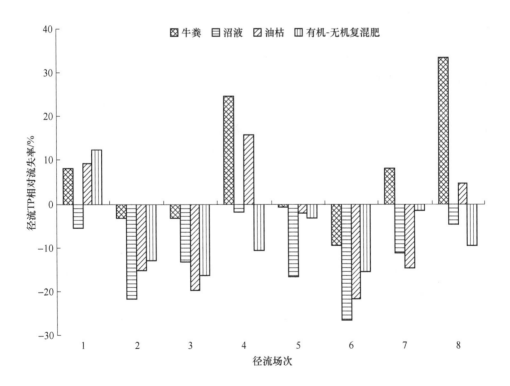

图 2-4　有机肥处理的径流 TP 相对流失率

磷是作物生长的必需营养元素之一，磷肥在农业生产中被广泛使用，然而磷肥在当季作物中利用率极低，这就导致了磷素在土壤中的大量积累，并最终通过径流和淋溶方式进入水体。土壤中磷的形态及其含量不仅能反映土壤中磷的有效性，同时也反映了农田中的磷对水体环境的影响（Bowman et al.，2002）。含磷肥料的大量施用，会显著增加土壤中磷的解吸率，进而大大增加农田中磷的地表径流流失风险（张海涛 等，2008）。磷肥施入土壤后，经过一系列的化学、物理化学或生物化学过程，会形成难溶性的磷酸盐并迅速被土壤矿物吸附固定或被微生物固持（张宝贵 等，1998），而有机磷在土壤中具有较大的移动性，被土壤无机矿物固定的程度低，即使是难溶于水的有机磷经矿化后也可持续释放出无机磷（向万胜 等，2004）。大量的研究表明，土壤磷素迁移受多种因素的影响，其中施用有机肥对土壤磷素迁移的影响尤为明显（Burgers et al.，2010）。有机肥主要通过分解过程产生有机酸等作用机制来降低土壤对磷的吸附量、增加磷的解吸量，通过还原、酸溶、络合溶解作用以及促进解磷微生物增殖等过程，可以有效地活化土壤中难利用的磷，使其转变为可利用的磷（向万胜 等，2004）。国内外研究表明，不同种类有机肥的水溶性磷含量均与流失液中的磷浓度密切相关，证明了有机肥中水溶性磷的含量大小可用于评估施用有机肥对农田磷素流失的风险大小（赵林萍，2009）。由此可以得出，由于有机肥自身含有较高含量的水溶性磷，加之其施入可以促进土壤中有效磷含量的增加，所以施入有机肥会使表层土壤的水溶性磷和易溶性磷含量都增加，在降雨的作用下就极易产生磷的径流流失。因此，在本次模拟试验中，供试有机肥处理都有与对照化肥处理差异不显著的磷径流流失。

夏立忠等（2000）对长期施用牛粪的草原土壤进行的研究表明，有机肥处理不但能通过自身所带磷的循环再利用改善土壤磷素营养，而且能够使土壤中积累的磷向有效性较高的形态转化，抑制向无效态的转化。此外，研究表明畜禽有机肥中磷的形态主要是以无机态形式为主，并认为无机态磷的有效性与化学磷肥基本相当且有机态磷也易转化为无机态磷（莫淑勋，1991；王旭东 等，2001；徐明岗 等，2006）。本次试验也得到了与之一致的试验结果，供试有机肥中以牛粪处理产生的径流磷流失最大，并且施加牛粪导致的磷流失与施加化肥相当甚至更多。

2.2.1.3　模拟旱地条件下径流 TN、TP 的影响因素分析

农田地表径流中氮、磷的流失过程受到诸如降雨量、降雨强度、降雨历时、坡度、土壤理化性质、施肥量以及施肥品种等众多因素的影响。为了解紫色土农

田上施入不同肥料后的氮、磷径流流失特征，本书选取影响农田径流氮、磷流失的主要影响因素开展模拟试验，研究了不同降雨强度、施肥水平和坡度3个因素在相同降雨历时下产生的地表径流中的 TN、TP 浓度。通过多元线性回归分析，发现模拟降雨条件下，各处理径流中的 TN、TP 浓度（y）与降雨强度（x_1）、施肥水平（x_2）、坡度（x_3）之间呈现良好的线性关系（见表2-6），即符合：

$$y = b_0 + b_1 x_1 + b_2 x_2 + b_3 x_3$$

表2-6 模拟径流中 TN、TP 浓度的回归分析

污染物	肥料种类	回归显著性（p）	常数项（b_0）	偏回归系数		
				降雨强度（b_1）	施肥水平（b_2）	坡度（b_3）
TN	空白	0.003	-9.080	0.217	—	0.539
	化肥	0.042	-225.316	1.842	3.548	6.736
	牛粪	0.004	-203.311	1.874	2.433	7.988
	沼液	0.001	-158.688	1.359	2.763	6.133
	油枯	0.002	-161.133	1.305	2.968	6.247
	有机-无机复混肥	0.008	-232.081	1.907	3.412	7.237
TP	空白	0.001	-17.760	0.245	—	0.220
	化肥	0.009	-348.309	2.808	5.314	1.820
	牛粪	0.023	-348.520	2.749	5.529	2.035
	沼液	0.022	-309.043	2.381	4.970	1.981
	油枯	0.039	-364.583	2.877	5.490	2.104
	有机-无机复混肥	0.030	-378.324	2.953	5.804	2.065

从表2-6可以看出，试验各处理的降雨强度、施肥水平、坡度的回归系数均为正数，且回归显著性 $p < 0.05$，表明所选取的3个影响因子与径流产生的 TN、TP 浓度之间呈显著正相关关系，即在一定条件下降雨强度越大、施肥水平越高、

坡度越陡，TN、TP 浓度越高。降雨是土壤产生地表径流并且流失养分最主要的发生条件，一旦降雨强度超过了土壤的入渗速率时，必定产生地表径流，导致地表冲刷和土壤侵蚀（吴希媛，2011）。大量研究表明，土壤养分随径流的流失主要发生在降雨强度较大的场降雨中，因为随着降雨强度的增加，不但会使地表径流量增大，而且雨滴对地表的击溅作用增强，能够很快改变土壤颗粒的尺寸，使土壤中养分含量的浓度迅速升高，从而增加径流中养分的浓度（Gburek et al.，1998）。降雨强度的这种影响作用对径流磷的流失尤为明显（罗春燕 等，2009），从表 2-6 也可以看出各处理 TP 的降雨强度偏回归系数高于 TN。坡度是影响坡地氮、磷径流流失的最主要地形因素，是地表其他形态（坡长、坡形）存在的前提（陈炎辉 等，2010）。坡度直接影响降雨雨滴对地面的打击角度、地面径流所具有的能量及其对地表的冲刷能力，坡度还影响降雨入渗的时间，对坡面产流和水分入渗具有明显的效应（卢齐齐，2011）。国内外众多的研究结果表明，随着坡度增大，水土流失程度会逐渐加剧，径流溶质浓度增高，从而导致农田径流流失的氮、磷浓度增加（耿晓东 等，2010）。司友斌等（2000）的研究表明耕地上氮的损失量与施氮量密切相关，每增施 1 kg/hm^2 的氮素，通过径流损失的氮即增加 0.56 ~ 0.72 kg/hm^2。因磷素不易被土壤吸附固定，所以施入的磷肥极易在表层土壤中累积，随着磷肥用量的增加，表层累积的磷素也会增加，最终导致在降雨的作用下随径流流失的磷量增加（陈琨 等，2009）。根据以上分析，可以看出随农田径流流失的 TN、TP 会受到降雨强度、坡度和施肥量的影响，且呈正相关关系，本次模拟试验结果与相关研究结论一致。

2.2.2　有机肥氮、磷径流流失形态比较

为了解有机肥处理径流中氮、磷流失的特征，本书对径流中的氮、磷形态进行分析，以便了解供试肥料在被雨水冲刷后是以怎样的形式进入水体。在本试验中氮的形态选取了 TDN、PN、NH_4^+-N 和 NO_3^--N 进行分析，磷的形态选取了 TDP 和 PP 进行比较。其中 TDN、TDP 利用表 2-5 所列方法测定，PN、PP 利用差减法求得。

2.2.2.1　氮形态比较

将径流水样过滤后测定水样中的 TDN、NH_4^+-N 和 NO_3^--N 的浓度，利用 TN 与 TDN 浓度之差获得 PN 浓度，试验结果如图 2-5 和表 2-7 所示，径流场次参数见

表2-3。由图2-5可见，供试各有机肥处理径流的氮流失形态呈现较为一致的趋势，各形态氮浓度与化肥处理各形态氮浓度之间无显著差异（$p > 0.05$）。各供试肥料处理的 TDN 浓度和 PN 浓度都明显高于空白对照（$p < 0.05$），且 PN 浓度极显著高于空白对照浓度（$p < 0.01$）。供试肥料中，化肥处理径流的 TDN、NH_4^+-N 和 NO_3^--N 浓度略大于有机肥处理，PN 浓度小于有机肥处理。从图2-5和表2-7可以看出，PN 是径流氮的主要流失形式，尤其是前4次降雨试验，PN 浓度均占 TN 浓度的70%以上。根据表2-3的试验设计，前4次径流是在坡度为15°的条件下，后4次径流是在坡度为5°的条件下，由图2-5可以看出，坡度对径流中的

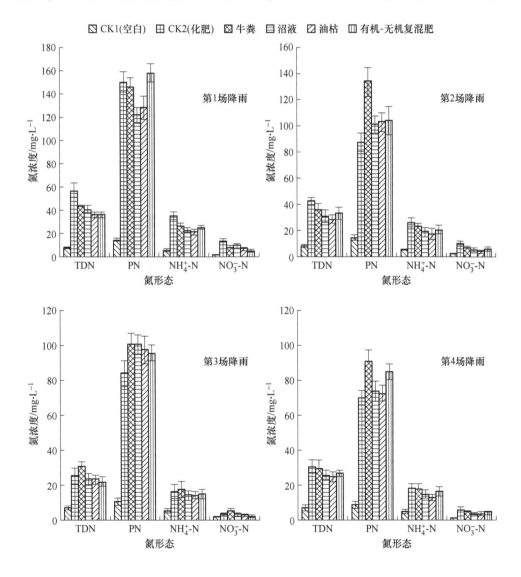

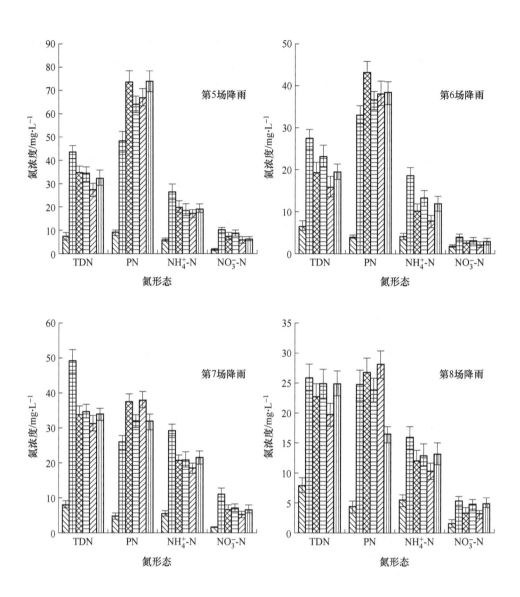

图 2-5　模拟径流各形态氮比较

TDN 的流失影响不大，而对 PN 影响较大，在相同条件下，15°时的 PN 是 5°时产生的 PN 浓度的 2～3 倍。根据试验结果可知，径流水样中的 NH_4^+-N 浓度大于 NO_3^--N，其中 NH_4^+-N 占 TN 的 10%～50%，NO_3^--N 仅占 2%～15%，说明有机肥处理和化肥处理引起的无机氮流失形式主要是 NH_4^+-N。

表2-7 径流液中不同形态氮所占比例

序号	试 验 处 理				TDN/TN /%	PN/TN /%	NH$_4^+$-N/TN /%	NO$_3^-$-N/TN /%
	降雨强度 /mm·h^{-1}	施肥量 /kg·hm^{-2}	坡度 /(°)	肥料种类				
A1	104	450	15	CK1（空白）	36.44	63.56	24.85	6.74
A2	104	450	15	CK2（化肥）	27.62	72.38	16.96	6.75
A3	104	450	15	牛粪	22.76	77.24	14.01	4.53
A4	104	450	15	沼液	25.20	74.80	14.15	5.99
A5	104	450	15	油枯	22.36	77.64	13.32	4.18
A6	104	450	15	有机-无机复混肥	18.87	81.13	13.13	2.61
A7	104	300	15	CK1（空白）	35.93	64.07	22.27	8.09
A8	104	300	15	CK2（化肥）	32.56	67.44	20.20	7.30
A9	104	300	15	牛粪	21.33	78.67	13.44	3.81
A10	104	300	15	沼液	23.42	76.58	13.94	3.80
A11	104	300	15	油枯	21.78	78.22	13.06	2.84
A12	104	300	15	有机-无机复混肥	24.17	75.83	14.97	4.26
A13	83	450	15	CK1（空白）	40.60	59.40	28.29	8.03
A14	83	450	15	CK2（化肥）	22.99	77.01	14.69	2.87
A15	83	450	15	牛粪	23.12	76.88	13.42	3.63
A16	83	450	15	沼液	18.72	81.28	11.44	2.32
A17	83	450	15	油枯	19.07	80.93	11.52	1.96
A18	83	450	15	有机-无机复混肥	18.50	81.50	12.48	1.74

续表 2-7

序号	试 验 处 理				TDN/TN /%	PN/TN /%	NH_4^+-N/TN /%	NO_3^--N/TN /%
	降雨强度 /mm·h^{-1}	施肥量 /kg·hm^{-2}	坡度 /(°)	肥料种类				
A19	83	300	15	CK1（空白）	44.61	55.39	32.16	6.87
A20	83	300	15	CK2（化肥）	30.40	69.60	18.61	5.72
A21	83	300	15	牛粪	24.51	75.49	14.61	3.97
A22	83	300	15	沼液	25.92	74.08	15.00	3.78
A23	83	300	15	油枯	25.56	74.44	13.48	3.77
A24	83	300	15	有机-无机复混肥	23.90	76.10	14.72	3.61
A25	104	450	5	CK1（空白）	44.68	55.32	31.76	8.32
A26	104	450	5	CK2（化肥）	47.49	52.51	28.35	10.74
A27	104	450	5	牛粪	32.15	67.85	18.15	6.65
A28	104	450	5	沼液	34.79	65.21	18.81	8.69
A29	104	450	5	油枯	28.97	71.03	17.71	6.08
A30	104	450	5	有机-无机复混肥	30.46	69.54	18.11	5.88
A31	104	300	5	CK1（空白）	44.36	55.64	27.77	12.78
A32	104	300	5	CK2（化肥）	45.29	54.71	31.01	6.56
A33	104	300	5	牛粪	30.94	69.06	16.31	4.12
A34	104	300	5	沼液	38.79	61.21	22.23	5.24
A35	104	300	5	油枯	29.39	70.61	14.27	4.03
A36	104	300	5	有机-无机复混肥	33.70	66.30	20.69	5.05

序号	试 验 处 理				TDN/TN /%	PN/TN /%	NH_4^+-N/TN /%	NO_3^--N/TN /%
	降雨强度 /mm·h^{-1}	施肥量 /kg·hm^{-2}	坡度 /(°)	肥料种类				
A37	83	450	5	CK1（空白）	61.75	38.25	43.03	11.60
A38	83	450	5	CK2（化肥）	65.65	34.35	39.11	14.55
A39	83	450	5	牛粪	47.29	52.71	29.19	9.46
A40	83	450	5	沼液	52.16	47.84	31.62	10.60
A41	83	450	5	油枯	45.12	54.88	26.64	7.59
A42	83	450	5	有机-无机复混肥	51.63	48.37	32.89	10.22
A43	83	300	5	CK1（空白）	64.89	35.11	43.57	11.94
A44	83	300	5	CK2（化肥）	51.23	48.77	31.51	10.26
A45	83	300	5	牛粪	45.73	54.27	24.23	6.66
A46	83	300	5	沼液	51.09	48.91	26.53	9.44
A47	83	300	5	油枯	41.17	58.83	21.40	6.24
A48	83	300	5	有机-无机复混肥	60.33	39.67	31.76	11.77

根据黄满湘等（2003）的研究可知，径流 TDN 浓度与表土中的可溶态含量呈正相关关系，一般未施肥表土中的 TDN 含量仅占 TN 含量的6%左右，因此肥料中的 TDN 含量就会直接影响到径流中 TDN 的浓度。在本次模拟试验中，均是进行的肥料施入后的短期氮、磷流失特征研究，有机肥在施入土壤后除本身所含有的 TDN 外，其含量较高的有机态氮尚需一定的时间进行形态的转化，而化肥中的氮基本是无机氮，在降水的作用下极易快速水解成 TDN，随水进入地表径流中，故而在整个试验过程中化肥处理径流的 TDN、NH_4^+-N 和 NO_3^--N 浓度都略大于有机肥处理。在氮的径流流失形态上，由于本次试验模拟的是暴雨条件下的径

流氮流失，降雨强度均较大，且地表是疏松裸露的，土壤侵蚀量大，所以施入的肥料氮除可溶态外，更多地被吸附于土壤表层，土壤表层颗粒中的氮会在强降雨的作用下随土壤团聚体以 PN 的形式进入径流中。由此说明，坡地地表径流中的氮素主要是以 PN 的形式随地表径流流失，这与梁涛等（2002）和李恒鹏等（2008）在太湖流域以及傅涛等（2003）和陈正维等（2014）在紫色土坡地上的研究结果一致。此外，在一定的坡度范围内（<25°），雨滴对土壤颗粒的溅蚀量会随坡度的增加而增加，且径流的流速也会随之增大，对坡面土壤的切应力和冲刷力也相应增大，挟带土壤颗粒的能力随之增强（陈炎辉 等，2010），因此，在本试验中相同条件下 15°时的 PN 浓度是 5°时产生的 PN 浓度的 2~3 倍。根据以往的研究成果来看，坡度较小时的坡面可能最先产生积水，但不一定能最先流动或者形成径流，产流后坡度较缓的地表径流，其流速变慢，利于氮的溶解，因此低坡度流失的 TDN 占 TN 的比例要高于高坡度（陈明华 等，1995）。此外，由表2-7 也可以看出，坡度为 5°处理的 TDN 占 TN 的比例均高于对应的 15°处理。

　　NH_4^+-N 和 NO_3^--N 是可以被作物直接利用的有效态氮，但同时也是易于损失的氮形态，NH_4^+-N 易被土壤颗粒和土壤胶体吸附而存在于土壤表层，在达到吸附饱和后将通过地表径流、地下淋溶和氨挥发的途径损失，而 NO_3^--N 不会被土壤吸附，极易在降雨的作用下随径流和淋溶损失（熊淑萍 等，2008）。肥料在施入土壤后，NO_3^--N 随水进行横向和纵向的迁移，而 NH_4^+-N 由于吸附作用大多随径流水和所挟带的土壤小颗粒进行横向迁移。此外，撒施的肥料与经人为扰动过的土壤颗粒间呈较松散和孤立状态，颗粒间黏结力较小，抗侵蚀能力弱，裸地条件下，降雨-径流能轻易地将粒径较小的富氮土壤细颗粒挟走。在强降雨作用下，径流冲刷能力强，地表水流流速高，土壤颗粒间摩擦力增强，利于 NH_4^+-N 从土壤颗粒中解吸，进而提高了径流中 NH_4^+-N 的浓度，因此，强降雨条件下极易造成 NH_4^+-N 流失加剧（陈炎辉 等，2008；赵亮 等，2011）。在本轮模拟径流试验中，图 2-5 和表 2-7 的结果分析也说明 NH_4^+-N 在径流中的浓度及其占 TN 的比例均大于 NO_3^--N。

2.2.2.2　磷形态比较

　　将径流水样过滤后测定水样中的 TDP 浓度，利用差减法获得 PP 浓度，图 2-6 所示为各处理径流中两种形态磷的含量比较，二者在径流中所占比例见

表2-8。由图2-6可见，各供试肥料磷流失形态呈现较为一致的趋势，化肥处理与有机肥处理之间的两种形态磷的径流流失浓度都没有显著差异（$p > 0.05$），但供试各肥料处理两种形态的径流磷浓度均极显著大于空白对照（$p < 0.01$），说明无论施用化肥还是有机肥都能显著增加磷的径流流失。对供试肥料处理径流磷的形态分析可以看出，化肥处理产生的 TDP 浓度大于有机肥处理，而有机肥处理产生的 PP 浓度较化肥处理高。所进行的模拟径流试验中，磷的流失以 PP 为主，其占 TP 浓度的比例基本都在 50%~90%，仅在坡度、降雨量和施肥量均最小的第 8 次径流中磷流失表现为 TDP 浓度较 PP 浓度高。

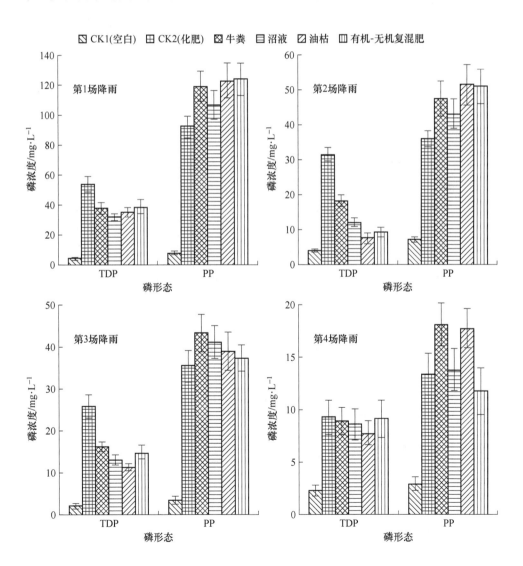

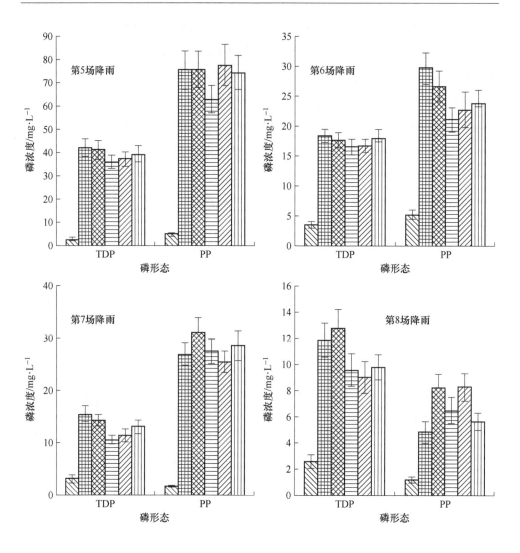

图 2-6 模拟径流各形态磷比较

表 2-8 径流液中不同形态磷所占比例

序号	试 验 处 理				TDP/TP /%	PP/TP /%
	降雨强度 /mm·h⁻¹	施肥量 /kg·hm⁻²	坡度 /(°)	肥料种类		
A1	104	450	15	CK1（空白）	33.44	66.56
A2	104	450	15	CK2（化肥）	36.83	63.17

序号	试 验 处 理				TDP/TP /%	PP/TP /%
	降雨强度 /mm·h^{-1}	施肥量 /kg·hm^{-2}	坡度 /(°)	肥料种类		
A3	104	450	15	牛粪	23.93	76.07
A4	104	450	15	沼液	23.00	77.00
A5	104	450	15	油枯	22.35	77.65
A6	104	450	15	有机-无机复混肥	23.84	76.16
A7	104	300	15	CK1（空白）	36.37	63.63
A8	104	300	15	CK2（化肥）	46.66	53.34
A9	104	300	15	牛粪	27.72	72.28
A10	104	300	15	沼液	21.75	78.25
A11	104	300	15	油枯	12.70	87.30
A12	104	300	15	有机-无机复混肥	15.40	84.60
A13	83	450	15	CK1（空白）	38.26	61.74
A14	83	450	15	CK2（化肥）	42.24	57.76
A15	83	450	15	牛粪	27.28	72.72
A16	83	450	15	沼液	24.06	75.94
A17	83	450	15	油枯	22.65	77.35
A18	83	450	15	有机-无机复混肥	28.54	71.46
A19	83	300	15	CK1（空白）	43.72	56.28
A20	83	300	15	CK2（化肥）	41.00	59.00
A21	83	300	15	牛粪	33.02	66.98

序号	试 验 处 理				TDP/TP /%	PP/TP /%
	降雨强度 /mm·h⁻¹	施肥量 /kg·hm⁻²	坡度 /(°)	肥料种类		
A22	83	300	15	沼液	38.42	61.58
A23	83	300	15	油枯	30.43	69.57
A24	83	300	15	有机-无机复混肥	43.72	56.28
A25	104	450	5	CK1（空白）	38.03	61.97
A26	104	450	5	CK2（化肥）	35.81	64.19
A27	104	450	5	牛粪	35.10	64.90
A28	104	450	5	沼液	36.39	63.61
A29	104	450	5	油枯	32.42	67.58
A30	104	450	5	有机-无机复混肥	34.60	65.40
A31	104	300	5	CK1（空白）	40.28	59.72
A32	104	300	5	CK2（化肥）	38.13	61.87
A33	104	300	5	牛粪	39.78	60.22
A34	104	300	5	沼液	43.82	56.18
A35	104	300	5	油枯	42.24	57.76
A36	104	300	5	有机-无机复混肥	42.84	57.16
A37	83	450	5	CK1（空白）	72.50	27.50
A38	83	450	5	CK2（化肥）	36.59	63.41
A39	83	450	5	牛粪	31.70	68.30
A40	83	450	5	沼液	27.68	72.32

序号	试 验 处 理				TDP/TP /%	PP/TP /%
	降雨强度 /mm·h⁻¹	施肥量 /kg·hm⁻²	坡度 /(°)	肥料种类		
A41	83	450	5	油枯	30.93	69.07
A42	83	450	5	有机-无机复混肥	31.41	68.59
A43	83	300	5	CK1（空白）	68.06	31.94
A44	83	300	5	CK2（化肥）	71.03	28.97
A45	83	300	5	牛粪	60.88	39.12
A46	83	300	5	沼液	59.62	40.38
A47	83	300	5	油枯	52.20	47.80
A48	83	300	5	有机-无机复混肥	63.57	36.43

含磷肥料的施用一方面增加了土壤中有效磷的含量，带来了粮食的增产，另一方面，磷极易被土壤固定，使得当季作物对磷的利用效率并不高，虽然积累的磷在后续作物上仍然有效，但含磷肥料的累积利用效率不高，长期大量施用含磷肥料造成了土壤磷素的富集，增加了磷流失的风险。不论是化学磷肥还是有机磷肥，在施用量增加到一定程度时，均会使土壤对磷的吸附饱和度增大，因而抑制了土壤对磷的固定，有利于磷的解吸（张海涛，2008）。在暴雨的作用下产生的农田径流和土壤侵蚀的泥沙对磷均有富集作用（黄满湘 等，2003）。因此，无论是施用化肥还是有机肥都能显著增加磷的径流流失，正如本试验的研究结果所示，供试各肥料两种形态的径流磷浓度均极显著大于空白对照（$p < 0.01$）。磷素在土壤中的吸附能力较强，主要以 PP 形式富集在表层土壤中，径流中的磷主要来源于地表径流对表层土壤的侵蚀。降雨和径流是土壤养分流失的动力（王晓燕 等，2003），并且磷迁移的主要模式是受限于径流的（Sharpley，1997），Gburek 等的研究结果表明，在强降雨的条件下，雨滴对地表的击溅作用增强，使土粒的分散能力增强，产生的地表径流量增大，携带土壤小颗粒和微团聚体的能力增强，使吸附于土壤小颗粒表面和微团聚体表面的养分大量流失。因此，在侵

蚀性降雨冲刷作用下，表层土壤中大部分磷素以颗粒态形式发生迁移和富集，国内外众多研究结果都支持了这一观点（陈志良　等，2008）。对紫色土坡耕地上产生的地表径流过程及其磷流失分析也可以看出磷的迁移以 PP 为主（王超　等，2013）。此外，在相同的条件下，大的坡度更易发生超渗产流，此时产流时间短，径流流速快，径流与土壤的作用强度增大，磷在未溶解之前就被径流带走，而在坡度平缓时，主要发生蓄满产流，磷有足够的时间溶解于地表径流中，TDP 所占比例增加（吴希媛，2011），故在本试验中，坡度为 5°时产生的 TDP 的磷流失比例较 15°时高，在雨强较小时甚至大于 PP 所占比例。

2.2.3　有机肥对淋溶氮、磷流失总量的影响

在农业生产活动中，农田氮、磷除通过地表径流流失外，还将通过侧渗和淋溶的方式流失，其中随土壤纵向流失的氮、磷会进入地下水体，影响地下水水质安全。为了解化肥处理和有机肥处理淋溶流失特征，本书选取了施肥量和降雨量两个影响因素探寻肥料淋溶流失的氮、磷量。

2.2.3.1　淋溶氮流失

在当前条件下，肥料的利用率普遍较低，这使得大量的肥料养分在土壤中累积，在水力作用下易发生流失，其中农田氮素淋失是氮素损失的重要途径之一，全世界施入土壤中的氮肥，10%～40% 经土壤淋溶而进入地下水（Bergstrom，1999）。因此，氮素的垂直迁移，是造成地下水源污染的重要根源（Insaf et al.，2004）。为了解施用有机肥后紫色土农田的氮淋失情况，本试验选取牛粪、奶牛养殖场沼液、油枯和有机-无机复混肥进行模拟试验，以不施肥处理作为空白对照，化肥处理作为施肥对照，模拟淋溶各处理的总氮浓度多重比较结果显示，供试有机肥处理和化肥处理之间无显著差异（$p > 0.05$），但均显著高于不施肥处理（$p < 0.05$），试验各处理氮流失大小表现为牛粪＞化肥＞沼液＞有机-无机复混肥＞油枯＞空白。供试有机肥处理 TN 的淋溶相对流失情况如图 2-7 所示，由试验结果可知，在相同的试验条件下，供试有机肥处理 TN 的流失浓度是化肥处理的 79.80%～135.73%。由图 2-7 可以看出，供试的 4 种有机肥共 32 个处理的淋溶模拟试验中，有 20 个处理的 TN 淋溶损失大于化肥处理，高出 0.22%～35.73%，有 12 个处理低于化肥处理，少了 1%～20.20%。试验结果表明，无论是有机肥的施用还是化肥的施用都将引起氮的淋失，并且施用有机肥产生的 TN 淋失在一定条件下大于施用化肥的淋失。

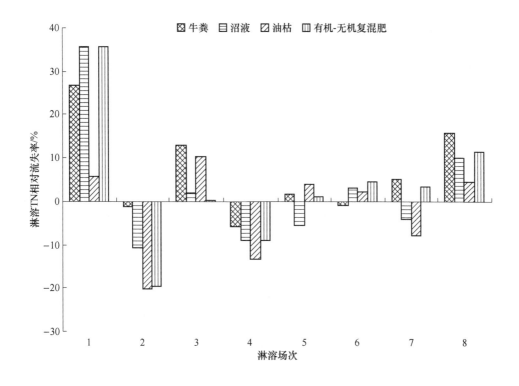

图 2-7　有机肥处理的淋溶 TN 相对流失率

大量的研究表明，有机肥处理中的氮主要以 NO_3^--N、NH_4^+-N、氨基酸态氮、氨基糖态氮等多种形态的 TDN 存在（杜晓玉 等，2011），因此，施入有机肥后，土壤中这些形态的氮含量及比例明显增加，这将有助于增加土壤中 TDN 的含量，高含量的 TDN 在淋溶的作用下极易下渗，引起氮素养分流失。王红霞等（2008）通过室内土柱模拟淋溶试验研究了化肥处理和有机肥处理不同形态氮的淋溶特性，结果显示：在施入等量氮素后，有机肥处理和化肥处理较不施肥处理的对照均显著增加了 TN、NH_4^+-N 和 NO_3^--N 的淋失，并且有机肥处理累积淋失的 TN、NH_4^+-N 和可溶态有机氮均显著高于化肥处理。因此，从前人的研究结论和本试验的研究结果可以看出，单独施用有机肥能够促进土壤氮素的淋失，其流失量甚至大于施用化肥的流失量，而并非习惯上认为的有机肥能够减少土壤养分流失，可以作为化肥的替代肥料。这主要是因为有机肥自身含有高量的 TDN，土壤对其中的 NO_3^--N 和可溶性有机氮的吸附能力都相对较弱（赵满兴 等，2008；Cornu et al., 2009)，此外有机肥施入后能够显著增大土壤的孔隙度（李纯华，2000），这将极大地增加养分随水下移的可能性。

2.2.3.2　淋溶磷流失

在通常情况下，磷素在土壤中的移动是很困难的，其易被土壤吸附固定，但由于人们对产量的追求和缺乏科学施用磷肥的指导，磷肥和有机肥被长期大量施用，使得土壤中的磷显著增加，导致土壤表层磷素积累，当磷素累积量达到土壤吸附饱和度后将引发磷素在土体内的垂直迁移，增加磷素淋溶流失的风险。为了解施用有机肥后紫色土农田的磷素淋溶流失特征，本试验选取牛粪、奶牛养殖场沼液、油枯和有机-无机复混肥进行淋溶模拟试验，以不施肥处理作为空白对照，化肥处理作为施肥对照，淋溶各处理的总磷浓度多重比较结果显示，供试有机肥处理和化肥处理之间无显著差异（$p > 0.05$），但均显著高于不施肥处理（$p < 0.05$），试验各处理磷流失大小表现为化肥 > 牛粪 > 有机-无机复混肥 > 沼液 > 油枯 > 空白。供试有机肥处理磷的淋溶相对流失情况如图 2-8 所示，从图上可以看

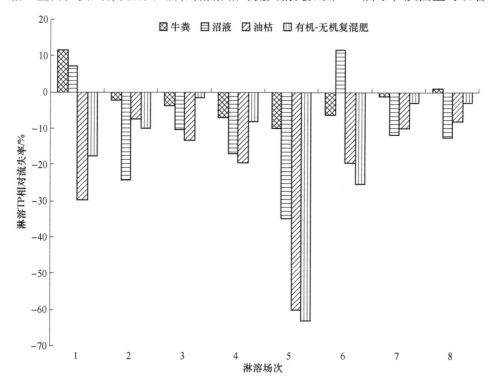

图 2-8　有机肥处理的淋溶 TP 相对流失率

出，在本次模拟试验中，有机肥处理产生的淋溶磷流失大多较化肥处理少，供试4种有机肥32个处理中仅有4个处理的磷流失浓度高于化肥处理，其余28个处理均低于化肥处理，但大多仅比化肥处理少20%以下，说明在相同条件下，施肥后的首次降雨使得有机肥处理产生的磷流失普遍小于化肥处理，但其差异是不显著的。

在本次模拟试验中，有机肥处理产生的TP流失浓度与化肥处理差异不明显，但大都略低于化肥处理的TP流失浓度。这主要是因为施用化肥能增加土壤中各形态无机磷的含量，其中Ca_2-P、Ca_8-P、Al-P等有效态磷占无机磷的比例较有机肥处理高；施用有机肥可增加土壤有机磷各组分含量并促进土体内部各种无机形态磷的活性，这部分的磷是易于分解释放的，提高了Olsen-P的含量，同时施用有机肥还能显著增加土壤有机质含量，有机质本身不但可以矿化而且其分解产生的有机阴离子和有机酸在土壤矿物上能与磷竞争吸附位点，降低土壤对磷的吸附，增加磷的解吸量，化肥的施用有同样的效果，但其作用不如有机肥显著（Maguire et al.，2002；陈欣，2012）。由此可见，施用化学磷肥和有机肥都可以提高磷素的有效性和减轻土壤对磷素的固定，增加TDP在土壤中的积累，增大土壤中磷素的流失风险。土壤中的有效磷处于一个矿化释放与土壤固定的动态平衡之中（杨蕊 等，2011），有机肥在施入土壤的前期由于含有较高的碳磷比，使土壤对磷的固定作用大于矿化释放作用（张作新，2008）。在本次模拟试验中，每个处理仅做了施肥后的首次淋溶磷流失浓度的对比，属于肥料施入土壤的初始阶段，故肥料在土壤中的相互作用尚不完全，施入的有机肥矿化作用还不显著，因此出现了图2-8所示的有机肥处理淋溶磷浓度大都较化肥处理略低的情况。

2.2.3.3 模拟旱地条件下淋溶TN、TP的影响因素分析

紫色土的地质特征和风化特征决定了紫色土具有土质疏松、含有丰富的毛管孔隙和良好的透水性但养分易于流失的特点。农田养分淋失会受到诸如降雨特征、土壤理化性质、施肥状况、肥料品种、耕作管理方式和作物种类等多种因素的影响。为了解在紫色土农田上施用化肥和有机肥的氮、磷淋失特征，本书进行了不种植作物的裸土淋溶模拟试验，在相同条件下研究了不同降雨强度和施肥水平对紫色土养分流失的特征，试验设计见表2-4。通过多元线性回归分析发现，模拟条件下各处理淋失的TN、TP浓度（y）与降雨强度（x_1）和施肥水平（x_2）之间呈良好的线性关系（见表2-9），即符合：

$$y = b_0 + b_1 x_1 + b_2 x_2$$

表 2-9　模拟淋溶中 TN、TP 浓度的回归分析

污染物	肥料种类	回归显著性（p）	常数项（b_0）	偏回归系数	
				降雨强度（b_1）	施肥水平（b_2）
TN	空白	0.000	4.087	0.099	—
	化肥	0.005	−117.892	1.197	5.684
	牛粪	0.002	−112.398	1.193	5.658
	沼液	0.001	−102.171	1.101	5.287
	油枯	0.001	−96.504	1.138	4.819
	有机-无机复混肥	0.000	−89.648	1.126	4.696
TP	空白	0.000	1.295	0.058	—
	化肥	0.001	−34.489	0.503	1.314
	牛粪	0.000	−31.855	0.478	1.241
	沼液	0.000	−27.258	0.432	1.072
	油枯	0.000	−31.109	0.468	1.101
	有机-无机复混肥	0.000	−38.626	0.523	1.334

从表 2-9 可以看出，试验各处理的降雨强度和施肥水平的回归系数均为正数，且回归显著性 $p < 0.01$，表明降雨强度和施肥量与淋溶产生的 TN、TP 浓度之间呈极显著的正相关关系，即在一定条件下降雨强度越大、施肥水平越高，TN、TP 浓度越高。氮、磷在土壤中发生淋溶必须具备两个基本条件：一是土壤中存在易移动性的氮和磷的积累；二是土壤中存在水分运动（Sogbedji et al.，2000）。水分运动是氮、磷流失的重要媒介和驱动因素（李学平 等，2010；孙军益，2012），降雨强度和降雨量的增加会增加土壤中水分运动的活跃程度，进而加快养分向下迁移的速度，增大迁移的含量。此外，国内外众多的研究结果也表

明，淋溶 TN、TP 浓度与降雨强度和施肥量之间存在正相关关系。刘健（2010）通过室内土柱模拟淋溶试验研究了砂土、壤土和黏土 3 种质地土壤的氮素淋溶规律，试验结果表明 3 种质地土壤氮素的淋溶量均随施肥量的增加而增大，TN 淋溶量和降水量之间呈正相关关系。Sepaskhah 和 Tafteh（2012）对玉米地的氮素淋失研究表明，增加肥料用量和灌水量都将引起氮淋失量的增加。王静等（2008）通过室内土柱模拟试验对湖北省丹江库区典型土壤磷的淋溶特征进行了研究，结果表明：淋溶液中的磷累计淋溶量和浓度都随着施肥量的增加而增加。Cox 等（2001）对澳大利亚南部牧草地磷素淋溶的研究表明，磷素淋失量与降水量之间有显著的相关性。由此可见，降雨强度和施肥量均能极显著地影响农田氮、磷的淋溶流失浓度。

2.2.4　有机肥氮、磷淋溶流失形态比较

本节对淋溶液中的氮、磷进行形态分析，以了解有机肥处理淋溶氮、磷流失的特征。其中氮的形态选取了 TDN、PN、NH_4^+-N 和 NO_3^--N 进行分析，磷的形态选取了 TDP 和 PP 进行比较。

2.2.4.1　氮形态比较

淋溶样品中各形态氮浓度及其占 TN 的百分比如图 2-9 和表 2-10 所示，淋溶场次参数见表 2-4。由图 2-9 可见，与化肥对照处理相比，供试各有机肥处理淋溶各形态氮浓度之间均无显著差异（$p > 0.05$），但供试肥料处理产生的 4 种形态氮浓度与空白对照各形态氮浓度之间存在极显著差异（$p < 0.01$），说明施肥能显著增加地下淋溶氮的流失量。从图 2-9 和表 2-10 可以看出，TDN 是淋溶氮的主要流失形式，占 TN 浓度的 65.17%~99.07%，根据氮形态比较，TDN 浓度极显著高于 PN 浓度（$p < 0.01$）。在淋溶液中，TDN 主要以 NO_3^--N 的形态流失，NO_3^--N 占 TN 浓度的 43.17%~69.26%，而 NH_4^+-N 仅占 7.83%~29.85%，NO_3^--N 浓度极显著高于 NH_4^+-N 浓度（$p < 0.01$），说明有机肥处理和化肥处理引起的无机氮淋失形式主要是 NO_3^--N。

根据表 2-4 的试验设计，前 4 次淋溶条件是施肥量为 450 kg/hm²，降雨强度从 25~100 mm/h 依次增大，后 4 次是施肥量为 300 kg/hm²，降雨强度从 25~100 mm/h 依次增大。从图 2-9 可以看出，在 450 kg/hm² 施肥量（1~4 场淋溶）条件下，降雨量对氮形态的影响不显著，仅在 25 mm/h 条件下 TDN、NO_3^--N 和

NH_4^+-N 的浓度较小，而其他 3 场淋溶之间的可溶态氮浓度差异不大，PN 在 100 mm/h 时显著增加，其他 3 场浓度相差较小；在 300 kg/hm² 施肥量（5 ~ 8 场淋溶）条件下，各形态氮均随降雨强度的增加而增加，但相邻场次之间的增幅不显著。对比相同降雨强度下不同施肥量的各形态氮可以看出，高施肥量条件下的各形态氮淋失浓度显著高于常规施肥量产生的氮淋失。由此说明，在淋溶试验中，施肥量对氮淋失的影响作用大于降雨强度和降雨量，这从表 2-9 的影响因素回归分析也可以看出，施肥量的回归系数均大于降雨强度的回归系数。

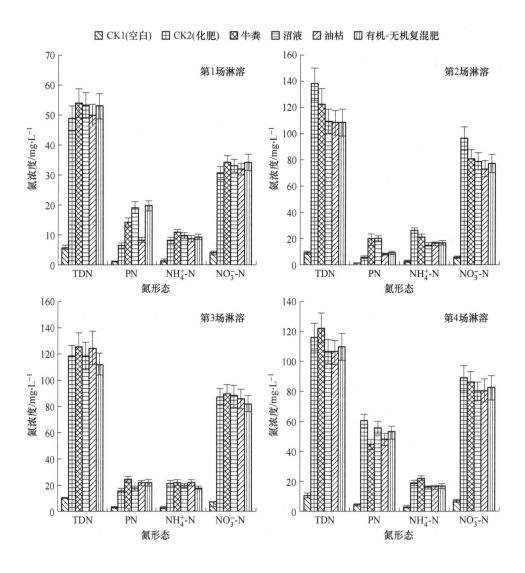

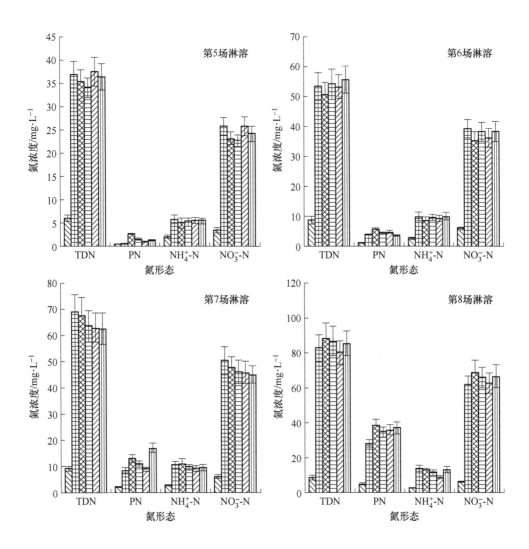

图 2-9 模拟淋溶各形态氮比较

表 2-10 淋溶液中不同形态氮所占比例

序号	试 验 处 理			TDN/TN /%	PN/TN /%	NH_4^+-N/TN /%	NO_3^--N/TN /%
	降雨强度 /mm·h⁻¹	施肥量 /kg·hm⁻²	肥料种类				
B1	25	450	CK1（空白）	87.17	12.83	18.31	56.69
B2	25	450	CK2（化肥）	88.54	11.46	14.17	55.29

续表 2-10

序号	试 验 处 理			TDN/TN /%	PN/TN /%	NH_4^+-N/TN /%	NO_3^--N/TN /%
	降雨强度 /mm·h⁻¹	施肥量 /kg·hm⁻²	肥料种类				
B3	25	450	牛粪	79.46	20.54	15.44	49.82
B4	25	450	沼液	73.75	26.25	13.30	45.61
B5	25	450	油枯	86.21	13.79	14.87	55.03
B6	25	450	有机-无机复混肥	73.01	26.99	12.54	47.25
B7	50	450	CK1（空白）	95.66	4.34	25.03	60.93
B8	50	450	CK2（化肥）	96.19	3.81	17.80	67.45
B9	50	450	牛粪	86.14	13.86	14.44	56.83
B10	50	450	沼液	84.65	15.35	11.82	60.96
B11	50	450	油枯	93.29	6.71	13.38	62.89
B12	50	450	有机-无机复混肥	92.48	7.52	14.18	65.69
B13	75	450	CK1（空白）	78.51	21.49	20.94	51.66
B14	75	450	CK2（化肥）	88.55	11.45	15.37	65.73
B15	75	450	牛粪	84.03	15.97	14.45	60.01
B16	75	450	沼液	87.29	12.71	14.00	64.64
B17	75	450	油枯	85.56	14.44	14.68	58.58
B18	75	450	有机-无机复混肥	84.02	15.98	13.35	61.48
B19	100	450	CK1（空白）	74.24	25.76	20.29	47.94
B20	100	450	CK2（化肥）	65.85	34.15	10.77	50.35
B21	100	450	牛粪	73.36	26.64	13.07	51.76

序号	试 验 处 理			TDN/TN /%	PN/TN /%	NH_4^+-N/TN /%	NO_3^--N/TN /%
	降雨强度 /mm·h^{-1}	施肥量 /kg·hm^{-2}	肥料种类				
B22	100	450	沼液	65.87	34.13	9.68	49.38
B23	100	450	油枯	68.92	31.08	10.41	51.94
B24	100	450	有机-无机复混肥	67.57	32.43	10.39	50.80
B25	25	300	CK1（空白）	95.57	4.43	29.85	53.85
B26	25	300	CK2（化肥）	99.07	0.93	15.14	69.26
B27	25	300	牛粪	93.67	6.33	13.39	61.33
B28	25	300	沼液	96.25	3.75	14.40	63.90
B29	25	300	油枯	97.91	2.09	14.28	67.37
B30	25	300	有机-无机复混肥	97.08	2.92	14.21	64.36
B31	50	300	CK1（空白）	90.59	9.41	24.32	60.32
B32	50	300	CK2（化肥）	93.90	6.10	16.96	68.72
B33	50	300	牛粪	90.13	9.87	15.04	62.36
B34	50	300	沼液	92.83	7.17	16.16	65.60
B35	50	300	油枯	91.92	8.08	15.44	62.49
B36	50	300	有机-无机复混肥	94.28	5.72	16.75	64.62
B37	75	300	CK1（空白）	82.25	17.75	23.14	53.23
B38	75	300	CK2（化肥）	89.32	10.68	13.48	65.26
B39	75	300	牛粪	83.87	16.13	13.63	59.11
B40	75	300	沼液	85.31	14.69	12.95	61.72

序号	试 验 处 理			TDN/TN /%	PN/TN /%	NH$_4^+$-N/TN /%	NO$_3^-$-N/TN /%
	降雨强度 /mm·h^{-1}	施肥量 /kg·hm^{-2}	肥料种类				
B41	75	300	油枯	87.59	12.41	12.41	63.52
B42	75	300	有机-无机复混肥	78.80	21.20	11.64	56.68
B43	100	300	CK1（空白）	65.17	34.83	18.02	43.17
B44	100	300	CK2（化肥）	74.60	25.40	12.58	55.40
B45	100	300	牛粪	69.64	30.36	10.19	54.32
B46	100	300	沼液	71.27	28.73	9.55	54.26
B47	100	300	油枯	69.03	30.97	7.83	54.24
B48	100	300	有机-无机复混肥	69.87	30.13	10.77	54.07

含氮肥料在施入农田土壤后会进行一系列化学过程，如矿化、水解、硝化及反硝化等，最终以 NO$_3^-$-N、NH$_4^+$-N、亚硝态氮等利于作物吸收的无机态形式存在，但是，作物的吸收能力是有限的，这就会造成过量的氮肥无法得到有效利用，在降水和灌溉的作用下，氮素就会随水而产生淋溶流失（张国梁 等，1998；朱兆良，2000）。氮素的垂直迁移，是造成地下水源污染的重要根源（Insaf et al.，2004）。化肥中的氮素在施入土壤后能在短期内迅速水解为 TDN，而有机肥除本身含有一定量的 TDN 外还能增大土壤的孔隙度从而增加氮素随水分下渗的可能（潘丹丹 等，2012），因此，施用有机肥和化肥在短期内均能提高土壤中 TDN、NH$_4^+$-N 和 NO$_3^-$-N 等，最终在降水的作用下增加各形态氮素的淋溶损失。

土壤和肥料中的氮素，大部分以可溶态的 NO$_3^-$-N 和 NH$_4^+$-N 形式淋溶到土壤下层，其中 NO$_3^-$-N 是农田向地下水体输送氮的主要形态，而 NH$_4^+$-N 占较小比例，这是因为 NH$_4^+$-N 带正电，易被土壤有机质和胶体吸附、固定，而 NO$_3^-$-N 不易被土壤颗粒和土壤胶体吸附，易于被雨水或灌溉水淋洗而迅速渗漏（金相灿，2001；王小治 等，2004；俞巧钢 等，2007）。此外，肥料中的 NH$_4^+$-N 还会在微生物的作用下转化成 NO_3^--N，这进一步增加了 NO_3^--N 在下层土壤上的累积（王朝辉 等，2006）。因此，氮的淋溶损失主要是以 NO_3^--N 为主的 TDN。但是，当土壤对 NH_4^+-N 吸附达到饱和时，在下渗水的作用下 NH_4^+-N 也会经土壤中的大孔隙被淋洗出土体（夏天翔 等，2008；Cornu et al.，2009）。

降雨强度和施肥水平是有效影响土壤中的氮素在土壤中迁移和淋溶的重要因素，强降雨条件下土壤水分更易达到田间持水量，使土壤水分下渗而携带氮素淋溶流失，而施肥水平则直接影响土壤剖面的氮素含量，即施肥水平越大，其剖面氮素含量越大（赵亮 等，2013）。王辉等（2005）对不同降水条件下黄土坡地氮素淋溶特征的研究表明，降雨量与 NO_3^--N 的淋溶深度和淋失量均呈正相关，大约每 4 mm 的降雨量可使 NO_3^--N 下渗 1 cm。李宗新等（2007）对夏玉米田间土壤氮素淋溶的研究表明，高量氮肥处理的淋溶水中 NH_4^+-N 和 NO_3^--N 的浓度明显高于低量氮肥处理，并且有机肥配施氮肥的田间土壤淋溶水中 NH_4^+-N 和 NO_3^--N 的浓度一直明显高于单施氮肥。商放泽等（2012）在对夏玉米种植期间土壤中氮素淋溶累积的研究同样也证明了土壤氮素淋溶累积量与施氮量呈正相关关系。

2.2.4.2 磷形态比较

对淋溶样品中的磷形态的分析如图 2-10 和表 2-11 所示，淋溶场次参数见表2-4。由图 2-10 可见，供试各有机肥处理淋溶各形态磷浓度与化肥对照处理之间均无显著差异（$p > 0.05$），但供试肥料处理产生的 TDP 和 PP 浓度极显著高于空白对照（$p < 0.01$），说明施肥后短期内的降雨仍能显著增加磷随地下淋溶流失的风险。从试验结果可以看出，TDP 是淋溶的主要流失形式，占 TP 浓度的 78.33%~97.22%，TDP 浓度极显著高于 PP 浓度（$p < 0.01$），前者是后者的 3.5~35 倍。在淋溶试验条件下，各处理的 TDP 浓度和 PP 浓度均随降雨强度和施肥量的增加而增加。

由于土壤对磷有很强的吸附固定作用，所以传统观点一般认为施入土壤的磷大部分被土壤固定而很难进入到土壤下层而淋失。但是，随着学界对地下水环境质量的重视，越来越多的研究证明，农田土壤中的磷除极易通过地表径流流失外，通过淋溶流失的量与径流损失量相当或更多（McDowell et al.，2001）。冯固等（1990）用 ^{32}P 示踪研究了石灰性土壤中磷素的形态及其有效性变化，结果表明：磷肥施入土壤后其有效性随时间的延长而降低，在两个月内有 2/3 被固定于土壤中。因此，在含磷肥料施入后短期内的降雨能显著引起磷的淋溶损失。施用化肥和有机肥均能增加土壤 Olsen-P 的含量，促进有效态磷素向下层迁移（金圣爱 等，2010；肖辉 等，2012）。李同杰等（2006）和张英鹏等（2007）的研究均表明，土壤 Olsen-P 含量与水溶态磷的淋失量之间存在着明显的正相关关系，并且二者都随着施磷量的增加而增加。这主要是因为土壤高能吸附位点大部分被施入的磷肥所占据，降低了土壤对磷的固定作用，使土壤对磷的吸附能力降低，导致富余的磷肥随水迁移，尤其是其中的 TDP，极易随水下渗而淋失（McDowell et al.，2001）。化学磷肥在施入土壤后能迅速水解而增加土壤中的 TDP，有机肥除本身含有大量水溶性磷外，还能通过其含有的阴离子与 $H_2PO_4^-$ 在土壤吸附点

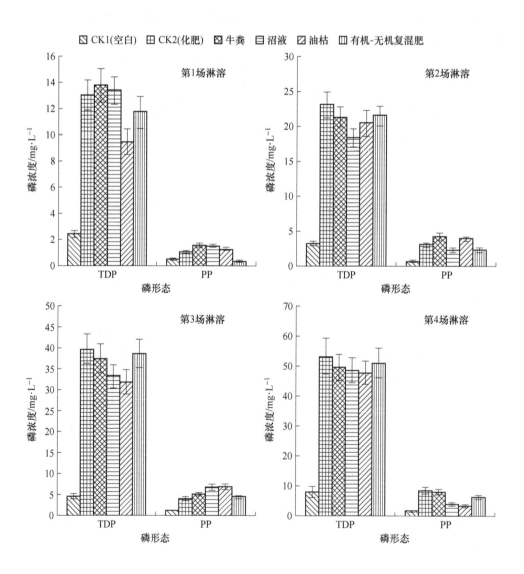

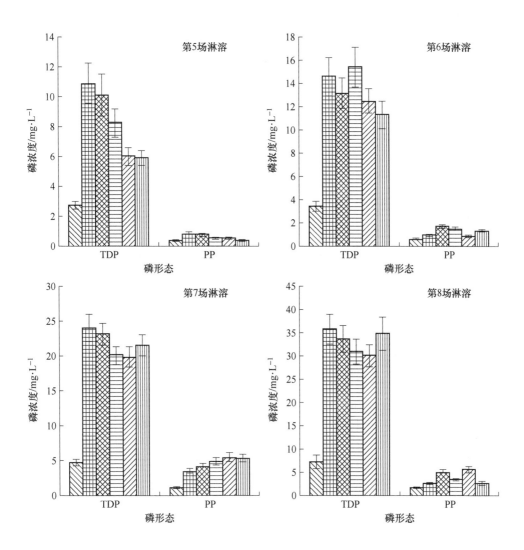

图 2-10 模拟淋溶各形态磷比较

位上的竞争作用而置换出 $H_2PO_4^-$，同时还能促进有机磷的矿化作用，进而增加土壤溶液中 TDP 的含量而增加磷的淋失风险（冯晨，2012）。综上所述，无论施用化学磷肥还是有机肥均能增加磷随地下淋溶流失的风险，这与本试验所取得的结果是一致的。

施磷和降雨是影响磷素输出土壤的特征及其规律的重要驱动因素。当土壤在较干燥时遇到较大的降雨会产生优势流，这将大大增强磷素渗漏淋失的浓度和负荷，并且在施肥初期土壤磷素吸附饱和度较高，进一步增加了磷素渗漏淋失的浓度和负荷（李学平 等，2010）。由于紫色土土质疏松，土壤黏粒含量低，透水性好，所以施入肥料后如果在短时间内遇到降雨，则会使肥料还未被土壤吸附固定，就被淋洗出来，且磷的累计淋溶量和浓度会随着施肥量的增加而增加。

表 2-11 淋溶液中不同形态磷所占比例

序号	试 验 处 理			TDP/TP /%	PP/TP /%
	降雨强度 /mm·h^{-1}	施肥量 /kg·hm^{-2}	肥料种类		
B1	25	450	CK1（空白）	84.25	15.75
B2	25	450	CK2（化肥）	92.83	7.17
B3	25	450	牛粪	90.04	9.96
B4	25	450	沼液	90.13	9.87
B5	25	450	油枯	88.58	11.42
B6	25	450	有机-无机复混肥	97.22	2.78
B7	50	450	CK1（空白）	83.66	16.34
B8	50	450	CK2（化肥）	88.71	11.29
B9	50	450	牛粪	83.46	16.54
B10	50	450	沼液	89.03	10.97
B11	50	450	油枯	84.18	15.82
B12	50	450	有机-无机复混肥	90.49	9.51
B13	75	450	CK1（空白）	82.65	17.35
B14	75	450	CK2（化肥）	90.91	9.09
B15	75	450	牛粪	88.44	11.56
B16	75	450	沼液	83.42	16.58

序号	试验处理			TDP/TP /%	PP/TP /%
	降雨强度 /mm·h⁻¹	施肥量 /kg·hm⁻²	肥料种类		
B17	75	450	油枯	82.44	17.56
B18	75	450	有机-无机复混肥	89.92	10.08
B19	100	450	CK1（空白）	81.77	18.23
B20	100	450	CK2（化肥）	86.66	13.34
B21	100	450	牛粪	86.08	13.92
B22	100	450	沼液	92.85	7.15
B23	100	450	油枯	93.98	6.02
B24	100	450	有机-无机复混肥	89.27	10.73
B25	25	300	CK1（空白）	88.05	11.95
B26	25	300	CK2（化肥）	93.20	6.80
B27	25	300	牛粪	93.23	6.77
B28	25	300	沼液	94.37	5.63
B29	25	300	油枯	92.47	7.53
B30	25	300	有机-无机复混肥	94.13	5.87
B31	50	300	CK1（空白）	85.98	14.02
B32	50	300	CK2（化肥）	94.08	5.92
B33	50	300	牛粪	88.81	11.19
B34	50	300	沼液	91.28	8.72
B35	50	300	油枯	93.99	6.01

序号	试验处理			TDP/TP /%	PP/TP /%
	降雨强度 /mm·h^{-1}	施肥量 /kg·hm^{-2}	肥料种类		
B36	50	300	有机-无机复混肥	89.77	10.23
B37	75	300	CK1（空白）	80.34	19.66
B38	75	300	CK2（化肥）	87.52	12.48
B39	75	300	牛粪	85.04	14.96
B40	75	300	沼液	80.47	19.53
B41	75	300	油枯	78.33	21.67
B42	75	300	有机-无机复混肥	80.23	19.77
B43	100	300	CK1（空白）	79.70	20.30
B44	100	300	CK2（化肥）	93.74	6.26
B45	100	300	牛粪	87.27	12.73
B46	100	300	沼液	90.36	9.64
B47	100	300	油枯	84.34	15.66
B48	100	300	有机-无机复混肥	93.41	6.59

2.3 小　结

本章通过室内模拟人工降雨的方式以不施肥处理为空白对照，化肥处理为施肥对照，研究了施用有机肥后在径流和淋溶中的氮、磷流失特征，共设计了8场径流试验和8场淋溶试验，探讨了在降雨量、坡度和施肥量的影响下，有机肥处理氮、磷径流流失特征，以及在降雨量和施肥量的影响下，有机肥处理氮、磷淋溶流失特征，获得了如下结论。

(1) 有机肥对径流氮、磷流失总量的影响：在试验设计的降雨量、坡度和施肥量条件下，施用有机肥在模拟紫色土旱地上引起的氮、磷径流流失总浓度与相同条件下施用化肥引起的氮、磷径流流失总浓度之间无显著差异，与不施肥的空白处理相比，施用有机肥和化肥均显著增加了地表径流中氮、磷浓度。试验各处理氮流失大小表现为牛粪 > 有机-无机复混肥 > 化肥 > 沼液 > 油枯 > 空白，磷流失大小表现为牛粪 > 化肥 > 有机-无机复混肥 > 油枯 > 沼液 > 空白。在模拟降雨条件下，各处理径流 TN、TP 浓度与降雨强度、施肥水平、坡度之间呈显著的正相关关系。

(2) 有机肥氮、磷径流流失形态比较：在模拟试验条件下，有机肥处理和化肥处理径流水中的 TDN、PN、NH_4^+-N、NO_3^--N、TDP 和 PP 的含量及其占 TN、TP 的比例都无显著差异，但都显著高于空白对照。其中，化肥处理的径流中 TDN、TDP、NH_4^+-N 和 NO_3^--N 的浓度略大于有机肥处理，PN、PP 浓度小于有机肥处理。PN、PP 是径流氮、磷的主要流失形态，径流可溶性无机氮中的 NH_4^+-N 浓度大于 NO_3^--N。

(3) 有机肥对淋溶氮、磷流失总量的影响：在模拟不同的降雨量和施肥量条件下，因施用有机肥而引起的淋溶流失的 TN、TP 浓度与化肥处理之间无显著差异，但都显著高于不施肥的空白对照。模拟淋溶氮流失大小表现为牛粪 > 化肥 > 沼液 > 有机-无机复混肥 > 油枯 > 空白，磷流失大小表现为化肥 > 牛粪 > 有机-无机复混肥 > 沼液 > 油枯 > 空白。在模拟条件下，各处理淋失的 TN、TP 浓度与降雨强度和施肥水平之间呈极显著的正相关关系。

(4) 有机肥氮、磷淋溶流失形态比较：有机肥处理和化肥处理淋溶水中的 TDN、PN、NH_4^+-N、NO_3^--N、TDP 和 PP 的含量及其占 TN、TP 的比例之间都无显著差异，但都极显著高于空白对照。TDN 是淋溶氮的主要流失形式，并且极显著高于 PN 浓度。在淋溶液中，TDN 主要以 NO_3^--N 的形态流失，且 NO_3^--N 浓度极显著高于 NH_4^+-N 浓度。TDP 也是淋溶的主要流失形式，TDP 浓度极显著高于 PP 浓度。

3 模拟紫色土水田施用有机肥后的氮、磷流失特征

在我国，水稻是最重要的粮食作物之一，全国水稻种植面积约占粮食作物面积的30%，而在南方占到70%以上（焦险峰 等，2006）。并且我国的水稻主产区都位于主要的江河湖泊流域区，如长江流域、珠江流域和东北三江平原区，都是我国最重要的水田区域。由于水稻生育期主要的降雨多以暴雨形式出现，这使得水稻田土壤氮、磷流失量增加，由水稻田流失的氮、磷量在农业面源污染负荷中占有非常重要的地位（夏小江，2012）。与旱作土壤水分运动不同，水田田面平整，犁底层结实，并在围垄保护下形成封闭体系，因此水田排水不完全受制于降雨，但在较为集中的雨季或遭遇灾害性暴雨时，水田很可能被迫进行排水（张志剑 等，2007；陈俊 等，2007）。这种情况使得通过水分管理来控制氮、磷流失具有可行性，鉴于此，本章通过模拟水田的方式研究施用化肥和有机肥后水田的氮、磷流失特征。

3.1 材料与方法

3.1.1 试验材料与试验设计

3.1.1.1 供试材料

A 供试土壤

供试土壤采自重庆市北碚区某紫色土坡耕地，采样前先去除土壤表面生长的植物以及杂物，再采用多点采样法采集供试土壤原始土样，并测定其基本理化性质，见表3-1。

B 供试肥料

为提高试验结果的代表性，本书选取重庆地区常用的化肥和有机肥作为供试

肥料。化肥为磷酸氢二铵,采自重庆市北碚区农贸市场;有机肥选取牛粪肥、油枯、奶牛养殖场沼液和有机-无机复混肥,其中牛粪肥代表动物性固态有机肥,油枯代表植物性固态有机肥,沼液代表液态发酵有机肥,有机-无机复混肥代表工业化有机肥。牛粪肥和奶牛养殖场沼液采自重庆市天友乳业股份有限公司北碚区奶牛养殖基地,牛粪采回后风干打碎备用,油枯和有机-无机复混肥采自北碚农贸市场。测定各肥料样品中的 TN、TP 含量,测定方法参照《土壤农化分析》(第 3 版),肥料中的氮、磷含量见表 3-2。

表 3-1　人工模拟试验土壤基本理化性质

TN/g·kg^{-1}	TP/g·kg^{-1}	有机质/g·kg^{-1}	pH 值	CEC/cmol·kg^{-1}
0.91	1.83	25.13	7.58	21.57

表 3-2　人工模拟试验肥料养分　　　　　　　　　(g/kg)

养 分	牛粪(干)	沼液	油枯	有机-无机复混肥	化肥
TN	24.56	1.92	41.57	142.75	185.16
TP	13.23	1.37	11.67	39.74	450.42

3.1.1.2　试验装置

模拟试验采用 PVC 塑料管装填土柱,PVC 管的规格为:管高 80 cm,内径 31 cm,1 cm 厚 PVC 板封底,于 PVC 塑料管底部装填石英砂和砾石约 20 cm,垫上尼龙网再填充土柱,土柱高 50 cm。采集研究区土样分装于塑料管中,将表层土样与供试肥料混匀后装入塑料管。在 PVC 塑料管顶以下 10 cm 处和管底分别开孔,接入水管,并安装水龙头,采集上覆水和下渗水,采水管的位置避开桶壁,以避免边际效应和大空隙的影响。试验装置如图 3-1 所示。

3.1.1.3　试验设计

以不施肥处理作为空白对照,化肥处理作为施肥对照,设置 6 个处理,每个处理重复 3 次,各处理肥料使用量根据水田作物需肥量和农事习惯设定,定为施

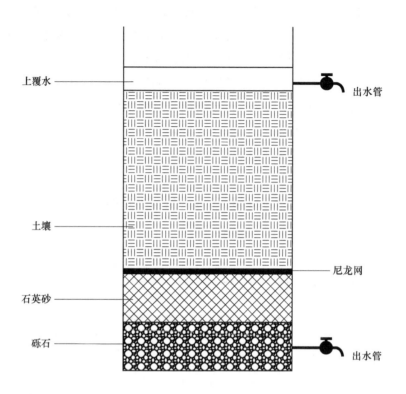

图 3-1　淹水试验装置

入纯氮 300 kg/hm^2，供试肥料用量按照实际所含养分计算，所有肥料一次性施入。肥料施入后与表层土充分混匀，浇水保证土壤田间含水量，待肥料与土壤作用 3 天后开始淹水。

3.1.1.4　试验方法（实施）

土壤取回后，先将土壤进行细分，使之大小接近田间耕作土壤后再装填进土柱。在土样填充后测定土壤含水量，若土柱内土壤含水量与原土相比水分散失，则补充一定水分使之保持一致，以便使试验土样最大程度上接近自然耕作土壤。土壤填装后，按照土柱大小计算出各种肥料用量，并于淹水前 3 天将供试肥料与表层土壤混合，并用塑料薄膜将之覆盖以防止水分损失和因挥发等带来的肥料损失。采用自来水灌溉以控制氮、磷的输入。整个试验期间保持 5 cm 上覆水层，试验过程中将所有土柱放置在一个试验棚内，防止雨水对试验结果有影响。

3.1.2　样品采集与分析

在淹水后第 2 天取第 1 次样，以后每隔一周取样一次，共取样 5 次。采集上覆水和下渗水水样，采样时间均在上午，采样的前一天傍晚需灌水以保持 5 cm 上覆水。水样采集后立即测定其 TN、TP、TDN、TDP、NO_3^--N、NH_4^+-N。

将收集到的各处理上覆水和下渗水水样搅匀，采集足够分析和保留所需的样品，做好标记，带回实验室，进行水样分析，对混合水样直接测定 TN、TP 浓度，样品用 0.45 μm 滤膜过滤，测定 TDN、TDP、NO_3^--N 和 NH_4^+-N 浓度，水样中的悬浮 PN 和悬浮 PP 利用差减法计算得出，所有指标在 24 h 内完成，不能完成的冰冻保存，测定项目和方法见表 3-3。

表 3-3　水样测定项目及方法

测定项目	前期处理	测定方法
TN	碱性过硫酸钾消解	紫外分光光度法
NO_3^--N	0.45 μm 滤膜过滤	紫外分光光度法
NH_4^+-N	0.45 μm 滤膜过滤	靛酚蓝比色法
TDN	0.45 μm 滤膜过滤	紫外分光光度法
TP	过硫酸钾消解	钼锑抗分光光度法
TDP	0.45 μm 滤膜过滤	钼锑抗分光光度法

3.2　结果与分析

3.2.1　有机肥对上覆水中氮、磷总量的影响

水田上覆水在遇到暴雨时很容易溢水产生径流，其氮、磷含量直接影响径流流失的氮、磷量。本试验根据自然降雨情况再结合水田田间水分管理习惯，试验期间保持 5 cm 上覆水层，在加入肥料并淹水后第 2 天取第 1 次样，以后每隔一周取样一次，共取样 5 次。分析样品中的氮、磷含量，上覆水中的氮、磷浓度的

多重比较结果显示,供试有机肥处理和化肥处理之间无显著差异($p > 0.05$),但均显著高于不施肥处理($p < 0.05$),试验各处理氮浓度大小表现为牛粪 > 油枯 > 化肥 > 有机-无机复混肥 > 沼液 > 空白,磷浓度大小表现为牛粪 > 有机-无机复混肥 > 油枯 > 化肥 > 沼液 > 空白。施用有机肥导致的氮、磷流失率相对施用化肥导致的氮、磷流失率结果如图 3-2 和图 3-3 所示。

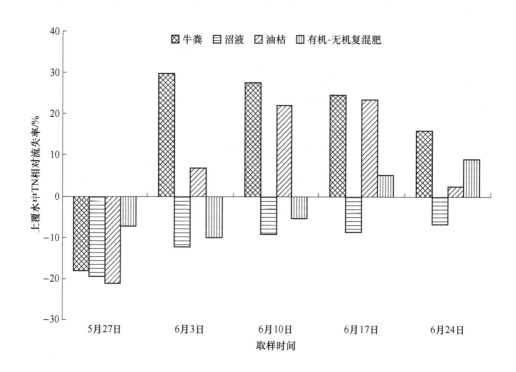

图 3-2   上覆水中有机肥处理的 TN 相对流失率

从图 3-2 可以看出,供试各肥料在上覆水中的 TN 在第 1 次取样时相差不大,且有机肥处理的上覆水中的氮浓度低于化肥处理 7.41% ~ 21.20%,说明在施肥后短时间内遇到降雨,会将肥料以及土壤中的 TDN 大量带走,而化肥处理中的氮会在短期内迅速水解,因此在首次取样时的浓度均高于有机肥处理。随着淹水时间的增加,有机肥处理中的氮逐渐被水浸提和转化,使有效氮逐渐增多,因此进入上覆水中的氮也逐渐增多。在后面的 4 次样品中,虽然 TN 的浓度逐渐降低,但是以化肥处理为对照的 TN 相对流失比例逐渐增加,其中牛粪处理和油枯处理的 TN 浓度在后 4 次的上覆水中均大于化肥处理,高出 2.35% ~ 29.79%,沼液处理在整个试验期间的浓度均小于化肥处理，有机-无机复混肥处理在前 3 次低于化肥处理，后两次高于化肥处理。

上覆水中磷浓度比较如图 3-3 所示，供试各有机肥料处理在上覆水中的 TP 含量在第 1 次取样时低于化肥处理 7.68%~44.32%，随着淹水时间的增加，各有机肥处理与化肥处理相比 TP 含量的比例逐渐增加。因各肥料都未经任何处理直接与上层土壤混匀后就开始淹水，且第 1 次取样是在淹水后第 2 天就取样，因此上覆水中的磷大部分是来自土壤和肥料的活性磷成分，所以化肥处理的上覆水中的 TP 含量较有机肥处理的上覆水中的 TP 含量高。在淹水一周后，有机肥料中的有机磷较无机磷难被土壤固定，而且有机磷在后期逐渐矿化而释放到表面水中（纪雄辉 等，2007），再在水的浸提作用下进入上覆水，因此有机肥处理的上覆水中的磷浓度在第 2 次取样后逐渐高于化肥处理，到最后一次取样时有机肥处理的上覆水中的磷浓度高于化肥处理 7.03%~63.39%，除有机-无机复混肥处理外，其他 3 种有机肥处理在最后一次上覆水中的磷浓度均极显著高于化肥处理（$p < 0.01$）。随着上覆水被取出，新添加的上覆水中的 TP 含量逐渐减少。

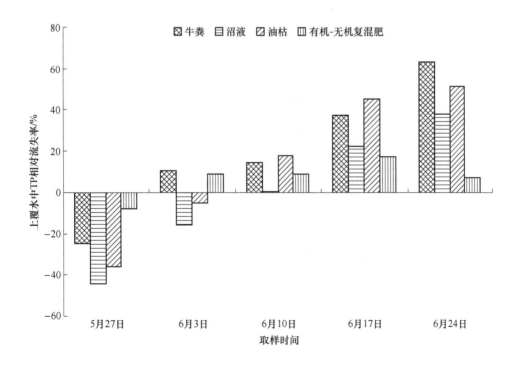

图 3-3 上覆水中有机肥处理的 TP 相对流失率

3.2.2　上覆水中氮、磷形态比较

本节通过选取 TDN、PN、NH_4^+-N、NO_3^--N、TDP 和 PP 进行比较分析，研究有机肥在水田中的氮、磷形态特征，试验结果如图 3-4 和表 3-4 所示。通过分析试验结果可知，模拟水田上覆水中的氮主要以 TDN 为主，占 TN 浓度的 83.7%～

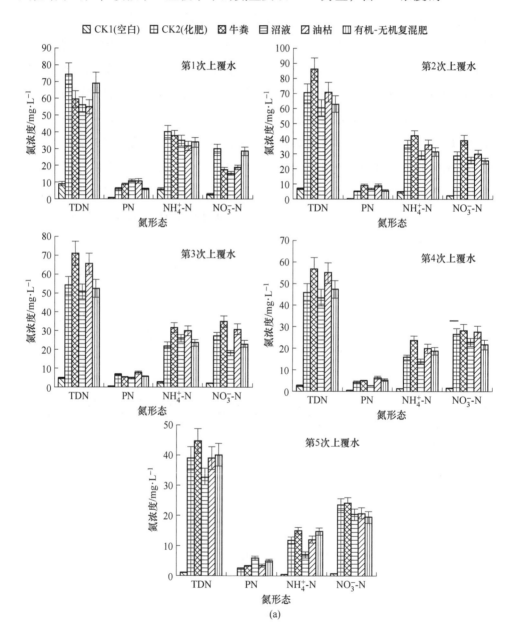

(a)

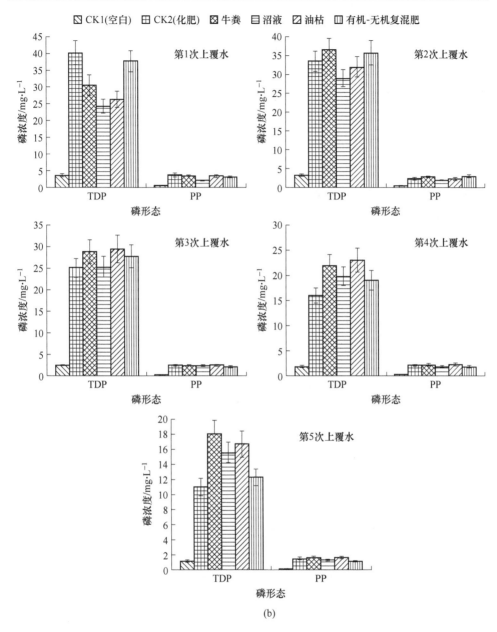

图 3-4 上覆水中各形态氮、磷比较

（a）氮形态比较；（b）磷形态比较

95.45%，是 PN 的 5~18 倍。对 NH_4^+-N 和 NO_3^--N 进行比较可知，二者在上覆水中的含量相差不大，分别占 TN 浓度的 17.65%~61.36% 和 23.12%~57.07%，但在淹水前期 NH_4^+-N 浓度高于 NO_3^--N，在后期 NO_3^--N 浓度逐渐增加后高于

NH_4^+-N。这是因为 NH_4^+ 为阳离子,易被土粒吸附,使其不易向地下水转移,而主要分布于土壤表层,易于随上覆水排出(余贵芬 等,1999;陈淑峰 等,2012)。但随着施肥时间的增加,NH_4^+-N 易发生氨挥发和转化,进而使其含量逐渐减少。TDP 浓度显著高于 PP 浓度,前者是后者的 7~14 倍,PP 仅占 TP 的 6.15%~12.40%。从试验结果还可以看出,供试肥料处理的各形态氮、磷浓度均极显著大于空白对照($p < 0.01$),而化肥处理和有机肥处理之间无显著差异($p > 0.05$)。因为本次模拟试验进行的是静态的淹水试验,未对土壤产生扰动,土壤和肥料中的水溶态氮、磷在淹水的作用下进入上覆水,故所获得的氮、磷形态以可溶态为主。

表 3-4　上覆水中不同形态氮、磷所占比例　　　　　　(%)

取样次数	肥料种类	TDN/TN	PN/TN	NH_4^+-N/TN	NO_3^--N/TN	TDP/TP	PP/TP
第1次	CK1(空白)	93.62	6.38	61.36	27.37	87.99	12.01
	CK2(化肥)	92.36	7.64	49.69	37.27	91.57	8.43
	牛粪	87.60	12.40	55.67	25.59	90.38	9.62
	沼液	83.98	16.02	52.52	23.12	92.78	7.22
	油枯	83.70	16.30	48.66	28.69	88.63	11.37
	有机-无机复混肥	92.14	7.86	44.93	37.84	92.36	7.64
第2次	CK1(空白)	92.50	7.50	58.65	29.74	89.36	10.64
	CK2(化肥)	93.41	6.59	47.62	38.38	93.40	6.60
	牛粪	90.48	9.52	43.79	40.93	93.05	6.95
	沼液	90.01	9.99	43.48	38.98	93.85	6.15
	油枯	88.61	11.39	45.12	37.51	93.65	6.35
	有机-无机复混肥	91.84	8.16	45.63	37.47	92.27	7.73
第3次	CK1(空白)	91.22	8.78	49.69	39.99	91.97	8.03
	CK2(化肥)	89.15	10.85	36.38	44.45	91.22	8.78

续表3-4

取样次数	肥料种类	TDN/TN	PN/TN	NH$_4^+$-N/TN	NO$_3^-$-N/TN	TDP/TP	PP/TP
第3次	牛粪	93.14	6.86	41.19	45.45	92.44	7.56
	沼液	91.26	8.74	46.82	32.94	91.69	8.31
	油枯	89.50	10.50	40.78	42.23	92.43	7.57
	有机-无机复混肥	90.39	9.61	40.55	39.61	93.21	6.79
第4次	CK1（空白）	93.04	6.96	39.18	51.17	92.33	7.67
	CK2（化肥）	91.83	8.17	31.39	53.02	88.67	11.33
	牛粪	92.26	7.74	38.18	46.02	91.11	8.89
	沼液	94.56	5.44	30.32	49.72	91.66	8.34
	油枯	89.61	10.39	32.20	45.02	91.09	8.91
	有机-无机复混肥	90.15	9.85	35.45	41.31	91.05	8.95
第5次	CK1（空白）	95.45	4.55	35.63	56.38	92.89	7.11
	CK2（化肥）	93.97	6.03	28.43	57.07	87.60	12.40
	牛粪	93.34	6.66	31.11	50.24	91.63	8.37
	沼液	84.39	15.61	17.65	52.58	92.38	7.62
	油枯	91.84	8.16	28.39	48.71	91.02	8.98
	有机-无机复混肥	89.01	10.99	32.26	42.81	91.99	8.01

3.2.3 有机肥对下渗水中氮、磷总量的影响

在水田系统中，由于长期处于淹水条件下，水分充足，氮、磷等养分很容易随水在土壤中纵向迁移，最终进入地下水环境，造成地下水的污染。为探寻有机肥在水田生态系统中氮、磷的流失特征，本书通过室内模拟试验来对比分析化肥处理和有机肥处理在水田中的氮、磷流失特征。下渗水中氮磷浓度的多重比较结

果显示，供试有机肥处理和化肥处理之间无显著差异（$p > 0.05$），但均显著高于不施肥处理（$p < 0.05$），试验各处理氮浓度大小表现为油枯 > 牛粪 > 化肥 > 有机-无机复混肥 > 沼液 > 空白，磷浓度大小表现为牛粪 > 油枯 > 化肥 > 有机-无机复混肥 > 沼液 > 空白。供试肥料处理在下渗水中氮、磷的流失率相对于化肥处理的流失率如图 3-5 和图 3-6 所示。

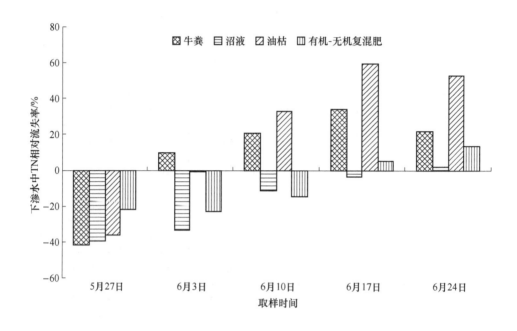

图 3-5　下渗水中有机肥处理的 TN 相对流失率

　　由图 3-5 可知，化肥处理的 TN 含量在首次样品中含量最高，高出所有有机肥处理 21.86% ~ 41.49%，之后有机肥处理的 TN 含量与化肥处理的 TN 含量相比比例逐渐增加，在淹水后期所有供试有机肥处理下渗水中的氮浓度均高于化肥处理，说明在淹水条件下施入化肥在短期内的氮淋失量高于有机肥处理，而有机肥处理能持续增加水田的氮淋失。下渗水中的 TP 含量比较如图 3-6 所示，在前两次取样中有机肥处理的磷浓度小于化肥处理，比化肥低 2.68% ~ 18.20%，而在淹水后期有机肥处理的磷浓度相对更高，最高时较化肥处理高了 43.95%。通过对试验结果的方差分析可知，有机肥处理和化肥处理之间的 TN、TP 在下渗水中的浓度无显著差异（$p > 0.05$）。

　　研究表明，施用化肥和有机肥，均可以显著增加稻田土壤中的 TN、TP

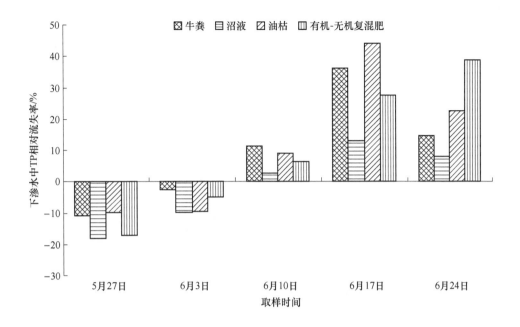

图 3-6　下渗水中有机肥处理的 TP 相对流失率

含量，加大氮、磷流失风险（纪雄辉 等，2007；刘建玲 等，2007；王婷婷
等，2009）。此外，在淹水条件下，土壤中促进氮、磷素迁移的水载体含量
丰富，土壤对氮、磷的吸附固定能力降低，增加了氮、磷溶解的活性（张
志剑 等，2001；单艳红 等，2005）。因此，施肥后淹水土壤氮、磷淋失
明显。

3.2.4　下渗水中氮、磷形态比较

为了解水田施肥后氮、磷在下渗水中的形态特征，本节讨论了 TDN、PN、
NH_4^+-N、NO_3^--N、TDP 和 PP 的含量和其在 TN、TP 中所占的比例，试验结果如图
3-7 和表 3-5 所示。由图 3-7 可以看出，随着淹水时间和取样次数的增加，各形
态氮都呈现出逐渐降低的趋势。各有机肥处理在第 1 次下渗水样中的 TDN 显著
低于对照化肥处理（$p < 0.05$），在之后的样品中牛粪处理和油枯处理的 TDN 含
量相对增加，均高于化肥处理，而沼液处理和有机-无机复混肥处理与化肥处理
相差不大。NO_3^--N 和 NH_4^+-N 所表现的趋势与 TDN 一致。在整个试验过程中，有
机肥处理和化肥处理的 PN 浓度差异不显著（$p > 0.05$），表现出有机肥处理的

PN 浓度略大于化肥处理。从氮的形态分析结果可知，下渗水中主要的氮形态是 TDN，占 TN 的 85.69% ~ 96.57%，而 PN 仅占 3.43% ~ 14.31%。在 TDN 中，NH_4^+-N 占 TN 的 10.66% ~ 27.94，NO_3^--N 占 44.46% ~ 79.56%，NO_3^--N 的浓度极显著高于 NH_4^+-N 的浓度（$p < 0.01$）。在整个试验期间，施肥处理的各形态氮均极显著高于空白对照（$p < 0.01$）。

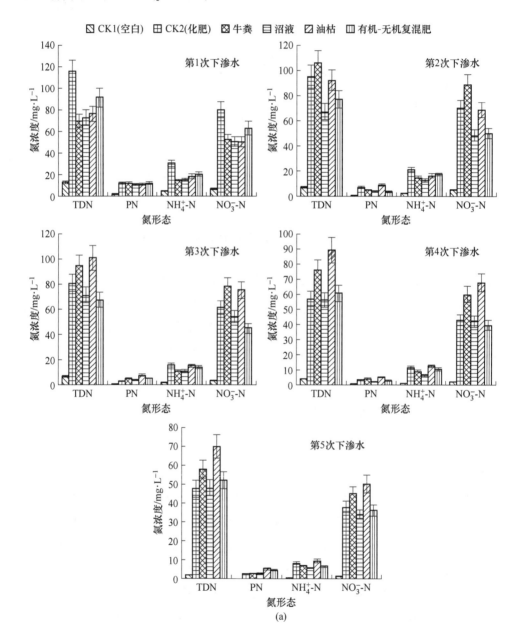

(a)

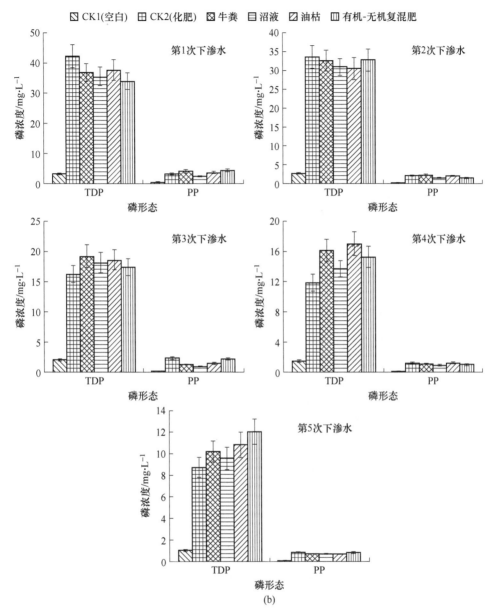

图 3-7 下渗水中各形态氮、磷比较

（a）氮形态比较；（b）磷形态比较

由于土壤胶体带负电，NH_4^+-N 带正电，所以 NH_4^+-N 在水田中易被土壤胶体通过交换吸附作用固定，使其迁移能力减弱（Choudhury et al.，2005）。同时，NO_3^--N 在土壤中的稳定性较差，易随渗漏水发生淋溶，因此，水田氮素的渗漏淋溶以 NO_3^--N 为主（黄明蔚 等，2007；潘圣刚 等，2009；尹海峰 等，2013）。

表 3-5　下渗水中不同形态氮、磷所占比例　　　　　　（％）

取样次数	肥料种类	TDN/TN	PN/TN	NH_4^+-N/TN	NO_3^--N/TN	TDP/TP	PP/TP
第1次	CK1（空白）	88.14	11.86	27.94	44.46	91.17	8.83
	CK2（化肥）	90.76	9.24	23.43	62.40	93.14	6.86
	牛粪	85.69	14.31	16.92	64.65	90.12	9.88
	沼液	87.17	12.83	17.49	60.79	93.92	6.08
	油枯	87.71	12.29	20.85	57.75	91.27	8.73
	有机-无机复混肥	88.33	11.67	19.64	60.92	88.71	11.29
第2次	CK1（空白）	92.85	7.15	22.81	50.28	92.51	7.49
	CK2（化肥）	93.24	6.76	20.64	68.28	94.30	5.70
	牛粪	95.50	4.50	13.24	79.56	93.67	6.33
	沼液	94.25	5.75	17.92	67.71	95.74	4.26
	油枯	91.24	8.76	16.18	67.70	94.09	5.91
	有机-无机复混肥	95.23	4.77	21.44	61.66	96.10	3.90
第3次	CK1（空白）	91.34	8.66	20.77	44.49	93.21	6.79
	CK2（化肥）	96.57	3.43	18.40	73.60	87.59	12.41
	牛粪	95.19	4.81	10.66	78.67	94.05	5.95
	沼液	95.14	4.86	14.31	72.38	95.17	4.83
	油枯	93.09	6.91	13.86	69.42	92.88	7.12
	有机-无机复混肥	93.11	6.89	19.20	62.14	88.85	11.15
第4次	CK1（空白）	92.52	7.48	24.46	48.99	94.38	5.63
	CK2（化肥）	94.37	5.63	18.92	70.69	90.47	9.53
	牛粪	94.88	5.12	11.13	75.26	93.58	6.42

取样次数	肥料种类	TDN/TN	PN/TN	NH_4^+-N/TN	NO_3^--N/TN	TDP/TP	PP/TP
第4次	沼液	96.11	3.89	10.86	72.16	93.91	6.09
	油枯	94.69	5.31	13.21	71.94	93.62	6.38
	有机-无机复混肥	95.71	4.29	16.58	62.31	93.98	6.02
第5次	CK1（空白）	94.09	5.91	14.64	52.72	94.44	5.56
	CK2（化肥）	95.44	4.56	16.37	75.70	91.04	8.96
	牛粪	95.85	4.15	11.02	74.53	93.73	6.27
	沼液	94.46	5.54	10.97	66.84	93.20	6.80
	油枯	93.34	6.66	12.37	66.73	94.18	5.82
	有机-无机复混肥	92.42	7.58	11.10	64.24	93.57	6.43

下渗水中的 TDP 占 TP 浓度的 87.59% ~ 96.10%，PP 仅占 3.9% ~ 12.41%，TDP 浓度极显著高于 PP（$p < 0.01$）。比较分析各处理结果可以看出，有机肥处理和化肥处理的两种形态磷均极显著高于空白对照（$p < 0.01$），而有机肥处理和化肥对照处理之间的差异不显著（$p > 0.05$）。随着取样次数的增加，各处理两种形态的磷浓度均逐渐减少。相关研究表明，含磷肥料的施用均能促使土壤中磷素的累积，超出土壤对磷的吸附量，极易引发磷素的淋溶损失，并且溶解态磷是稻田磷素淋溶损失的主要形态（Foy et al.，2001；彭世彰 等，2013）。

3.3 小　结

本章通过模拟水田的方式研究施用化肥和有机肥后水田的氮、磷流失特征，施肥淹水后共采集了 5 次上覆水和下渗水进行氮、磷含量及形态的分析，可获得如下结果。

（1）有机肥对上覆水中氮、磷总量的影响：与施用化肥对照相比，施用有机肥在上覆水中引起的 TN、TP 流失的浓度在首次淹水时均低于化肥处理，随着淹水时间的增加,施用有机肥会使上覆水中的 TN、TP 浓度逐渐增加并高于化肥处理。总体来看,供试有机肥处理和化肥处理之间无显著差异,但均显著高于不施肥处理,试验各处理氮浓度大小表现为牛粪 > 油枯 > 化肥 > 有机-无机复混肥 > 沼液 > 空白,磷浓度大小表现为牛粪 > 有机-无机复混肥 > 油枯 > 化肥 > 沼液 > 空白。

(2)上覆水中氮、磷形态比较:模拟水田上覆水中氮主要以 TDN 为主,占 TN 浓度的 83.7% ~ 95.45%,是 PN 的 5 ~ 18 倍。NH_4^+-N 和 NO_3^--N 在上覆水中的含量相差不大,但在淹水前期 NH_4^+-N 浓度高于 NO_3^--N,在后期 NO_3^--N 浓度逐渐增加后高于 NH_4^+-N。TDP 浓度显著高于 PP 浓度,前者是后者的 7 ~ 14 倍。此外,供试肥料处理的各形态氮、磷浓度均极显著大于空白对照,而有机肥处理和化肥处理之间无显著差异。

(3)有机肥对下渗水中氮、磷总量的影响:下渗水中有机肥处理和化肥处理的 TN、TP 含量差异不显著,淹水条件下施肥后前期,有机肥处理的下渗水中 TN、TP 浓度均低于化肥处理,而在淹水后期均高于化肥处理,氮浓度大小表现为油枯 > 牛粪 > 化肥 > 有机-无机复混肥 > 沼液 > 空白,磷浓度大小表现为牛粪 > 油枯 > 化肥 > 有机-无机复混肥 > 沼液 > 空白。

(4)下渗水中氮、磷形态比较:下渗水中主要的氮形态是 TDN,占 TN 的 85.69% ~ 96.57%,其中,NO_3^--N 的浓度极显著高于 NH_4^+-N,TDP 浓度极显著高于 PP。在整个试验期间,化肥处理和有机肥处理之间各形态氮、磷无显著差异,施肥处理的各形态氮、磷均极显著高于空白对照。

4 有机肥对氮、磷原位径流流失特征的影响

氮、磷是作物生长必需的营养元素，也是水体初级生产力的关键限制因子，是引起水体富营养化的重要物质。在农田生态系统中，施入的含氮、磷肥料一方面为作物生长提供养分，保证农田土壤肥力，另一方面由于不合理的施肥，化肥和有机肥被大量施入农田，使得当季作物无法吸收大量的养分，因此剩余的养分就会富集在农田土壤中，最终氮、磷在雨水的冲刷作用下随地表径流进入水体。

在农田中，因诸如地形地貌、水文条件、环境温度、植被覆盖、施肥量、土壤、降雨等外界因素的作用，施入农田的肥料中的氮、磷会发生复杂的迁移转化。为了解有机肥处理在农田中的氮、磷流失特征，本章在重庆市江津区建立径流试验场地，通过连续两季的径流试验来研究有机肥处理的径流流失特征。

4.1 材料与方法

4.1.1 试验材料与试验设计

4.1.1.1 试验区概况

试验区位于重庆市江津区双福镇破石村 3 社，介于东经 106°15′ 和北纬 29°22′ 之间，地处长江上游，三峡库区库尾。全年平均气温为 18 ℃，平均降雨量为 1200 mm，60%~80% 的降雨集中在 6~8 月。该区为低山丘陵区，土壤主要为沙溪庙组砂页岩发育形成的紫色土和水稻土，农作物主要是水稻、小麦、高粱、玉米、豆类和蔬菜等。土地利用现状主要为水田、旱地，种植制度以中稻或稻麦两熟为主，少部分间套红苕或豌豆等作物。施肥结构以化肥为主，有机肥料并重。

4.1.1.2　供试材料

A　供试肥料

根据当地农事习惯，原位径流试验选取了牛粪、油枯、奶牛养殖场沼液、有机-无机复混肥和化肥作为供试肥料。供试各肥料的氮、磷含量以及用量见表4-1。所有肥料按照当地施肥习惯作为底肥一次性施入各径流小区。

表4-1　供试肥料氮、磷含量和用量

肥　料	CK1（空白）	牛粪	沼液	油枯	有机-无机复混肥	CK2（化肥）
TN/g · kg^{-1}	—	6.80	3.60	24.79	122.69	148.49
TP/g · kg^{-1}	—	7.89	5.18	12.90	31.93	461.18
用量/kg · hm^{-2}	0	12000	15000	3000	1500	750

B　供试植物

根据当地的农事习惯，第1季在径流小区上种植豇豆（*Vigna unguiculata*），第2季种植高粱（*Sorghum bicolor*（*L.*）*Moench*）。豇豆和高粱都是在其他地块育苗，待肥料施入径流小区与土壤混合作用1～2天后移栽幼苗。

4.1.1.3　试验设计

试验进行连续两个雨季，第1季为2012年5～8月（种植豇豆），第2季为2013年6～9月（种植高粱），两季之间试验小区不种植作物，使施入的肥料能够尽可能多地被淋洗。试验设6个处理，每个处理重复3次，各处理肥料种类及其用量见表4-2。小区试验全部采用平作，不起垄。

表4-2　径流试验处理

小　区	A1	A2	A3	A4	A5	A6
肥料	CK1（空白）	牛粪	沼液	油枯	有机-无机复混肥	CK2（化肥）
肥料用量/kg · hm^{-2}	0	12000	15000	3000	1500	750

A 径流小区的构建

径流小区构建于坡度为10°的紫色土坡耕地上。径流小区示意图如图4-1所示，每个小区长8 m，宽4 m，小区顺坡设置，下宽边处修建一个长2 m，宽0.8 m，高1 m的径流收集池，径流小区和径流收集池通过一个PVC管连接。径流小区四周修建水泥挡水墙，墙体有0.5 m高于地面，0.5 m埋于地下，以防止小区间的土壤水和径流水相互渗透。径流收集池四周用水泥浇筑，上部设有盖子，避免雨水渗入，下部设有排水管，以便每次收集径流水样后将水排出。在试验区内共修建了上述径流小区18个，试验过程中设计了6个处理，每个处理重复3次。

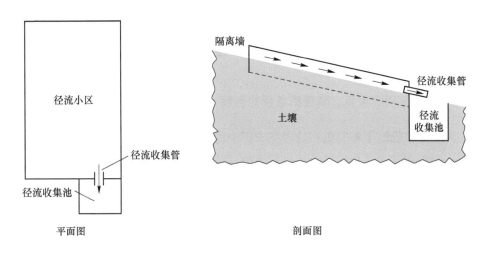

平面图   剖面图

图4-1 径流小区示意图

B 试验田间管理

试验前人工去除各小区内的杂草，平整土壤，然后将供试各肥料作为底肥一次性施入，植物生长过程中不再增施其他肥料。为更好地使试验值接近真实值，本试验所有肥料均采自当地农户或集市，农作物按照当地种植习惯种植，除在试验过程中不增施肥料和喷洒农药外其余均按照当地农事习惯进行管理。

4.1.2 样品采集与分析

试验前采用多点采样法采集供试土壤，混匀作为分析样本。土样风干后测定土壤的TN、TP含量。水样采集是在每次有产流的降雨结束之后，将径流收集池中的径流样品混匀，取出测试需要的量，密封，在24 h内测试，不能完成的样

品放在 −4 ℃的冰箱内保存。分析测定方法同 2.1.2 节。径流小区土壤背景值见表 4-3。

表 4-3　径流小区土壤背景值

小　区	A1	A2	A3	A4	A5	A6
TN/g · kg^{-1}	3.33	3.05	3.25	3.16	3.29	3.06
TP/g · kg^{-1}	0.97	1.02	1.06	1.03	1.11	1.01

4.2　结果与分析

4.2.1　有机肥对径流氮、磷流失总量的影响

为更加准确地了解有机肥处理在农田中的径流流失特征，作者所在课题组连续两个雨季在江津区径流试验场进行原位试验。根据当地农事安排，第 1 季试验是在径流场上种植豇豆，于 2012 年 5 月播种，8 月所有豇豆收藤后试验结束，期间共收集到 5 次径流。第 2 季试验种植高粱，于 2013 年 6 月移栽，9 月高粱成熟收获后试验结束，共收集到 5 次径流。

4.2.1.1　径流氮流失总量

对两季原位径流试验的氮浓度采用 Duncan 检验法进行多重比较，结果表明：供试有机肥处理和化肥处理之间无显著差异（$p > 0.05$），但均显著高于不施肥处理（$p < 0.05$），第 1 季试验各处理氮浓度大小表现为牛粪 > 油枯 > 化肥 > 有机-无机复混肥 > 沼液 > 空白，第 2 季为牛粪 > 沼液 > 有机-无机复混肥 > 化肥 > 油枯 > 空白。

图 4-2 所示为供试各有机肥处理在原位条件下的两季径流 TN 相对流失率与化肥处理径流 TN 相对流失率的对比。由图 4-2 可以看出，在第 1 季径流试验中，有机肥处理前期的 TN 流失浓度小于化肥处理，但随着时间的增加有机肥处理低于化肥处理的比例逐渐减小，到后期除沼液处理一直低于化肥处理外，其他有机肥处理均高于化肥处理，有机肥处理的 TN 流失浓度是化肥处理的 72.98% ~ 141.97%。

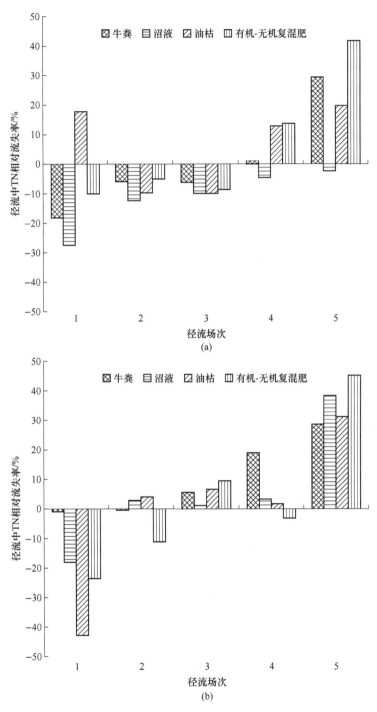

图 4-2 有机肥处理的原位径流 TN 相对流失率

（a）第 1 季径流；（b）第 2 季径流

在第 2 季径流试验中，有机肥处理的 TN 流失浓度在第一次径流中均低于化肥处理，之后逐渐高于化肥处理，有机肥处理的 TN 流失浓度是化肥处理的 56.91% ~ 145.15%。通过方差分析可知，除个别场次降雨径流外，各有机肥处理和化肥处理的 TN 流失浓度之间无显著差异（$p > 0.05$），但均极显著大于空白对照（$p < 0.01$）。由此说明，在原位条件下，有机肥处理和化肥处理产生的氮径流流失是相差不大的，两种肥料的施用都能引起显著的氮径流流失，这与本书所获得的室内模拟试验结果是一致的。

这主要是因为有机肥较化肥含有更多的碳素，这使得有机肥的施用会增加土壤中的碳和氮，能够让土壤微生物获得充足的碳源和氮源，有利于增加微生物数量、提高微生物活性（朱菜红 等，2010）。此外，有机肥和土壤中的氮大部分以有机态的形式存在，在微生物的矿化作用下，能转化成容易被迁移转化和吸收利用的矿物氮（赵长盛 等，2013）。综上所述，有机肥的施用能够促进土壤和肥料中氮的转化，是土壤可溶性养分的主要来源之一（周建斌 等，2005）。因此，有机肥处理的径流 TN 含量在两季试验的后期均表现出高于化肥处理，尤其是第 2 季经过了第 1 季的积累后更为突出。

4.2.1.2　径流磷流失总量

对两季原位径流试验的磷浓度采用 Duncan 检验法进行多重比较，结果表明：供试有机肥处理和化肥处理之间无显著差异（$p > 0.05$），但均显著高于不施肥处理（$p < 0.05$），第 1 季试验各处理磷浓度大小表现为牛粪 > 有机-无机复混肥 > 油枯 > 沼液 > 化肥 > 空白，第 2 季为牛粪 > 沼液 > 有机-无机复混肥 > 油枯 > 化肥 > 空白。

两季原位试验所获得的原位径流 TP 的相对流失率的比较如图 4-3 所示。从图 4-3 中可以看出，有机肥处理在原位条件下产生的径流磷流失基本都大于化肥处理，第 1 季中有机肥处理的 TP 流失浓度是化肥处理的 65.62% ~ 153.60%，第 2 季为 79.19% ~ 149.92%。其中牛粪处理、油枯处理和有机-无机复混肥处理在几场降雨径流中的 TP 流失浓度还极显著大于化肥处理（$p < 0.01$），其中尤以牛粪处理为甚，最高时比化肥处理高出 53.60%，这可能与牛粪本身含有较丰富的溶解反应磷有关。通过比较可知，所有肥料的径流磷流失量都显著高于空白对照，说明在原位条件下施肥仍是增加磷流失的主要因素。

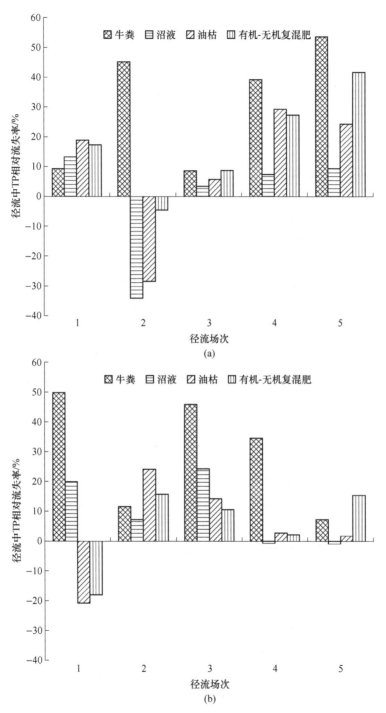

图 4-3 有机肥处理的原位径流 TP 相对流失率

（a）第 1 季径流；（b）第 2 季径流

　　磷肥施入土壤后，经过一系列的化学、物理化学或生物化学过程，会形成难溶性的磷酸盐并迅速被土壤矿物吸附固定或被微生物固持（张宝贵 等，1998），而有机磷在土壤中具有较大的移动性，被土壤无机矿物固定的程度低，即使是难溶于水的有机磷经矿化后也可持续释放出无机磷（向万胜 等，2004）。大量的研究表明，土壤磷素迁移受多种因素的影响，其中施用有机肥对土壤磷素迁移的影响尤为明显（Burgers et al.，2010）。

4.2.2　径流氮、磷形态比较

4.2.2.1　径流氮形态比较

　　试验选取了径流水样中的 TDN、PN、NH_4^+-N 和 NO_3^--N 进行了比较分析，以了解施用有机肥后引起的氮流失形态，试验结果如图 4-4 所示。由图 4-4 可以看出，有机肥处理和化肥处理在两季的径流水样中各形态氮的含量均表现出不明显的差异，但与空白对照相比，差异极其显著（$p < 0.01$）。在第 1 季径流试验中，氮流失的形态主要是 TDN，仅在降雨量最大的一次场降雨径流中的 PN 浓度大于 TDN。而在第 2 季径流试验中，基本是 PN 浓度大于 TDN，在降雨量最小的径流中 PN 浓度小于 TDN。对可溶性无机氮的分析可知，两季径流试验皆是 NH_4^+-N 浓度大于 NO_3^--N。

　　由图 4-4 可以看出，在第 1 季径流试验中，TDN 占 TN 的 35.71%～87.44%，是径流氮的主要形态，而 PN 所占比例为 12.56%～64.29%，尤其在前 3 次径流中含量较少，仅占 TN 的 30% 左右。这主要是因为施入肥料后，因各肥料中含有较高比例的 TDN，且前 3 次降雨量和降雨强度都不大、降雨持续时间较长，加之第 1 季种植的豇豆是以植物篱的形式栽种的，故不易引起大量土壤颗粒物的流失。在第 4 次径流中，因降雨量太大，雨滴到达地表时不断冲刷表土，产生的地表径流中含有大量土壤颗粒，以此携带了大量 PN，使 PN 比例迅速增加。第 5 次径流虽然雨量较小，但因为第 4 次降雨和第 5 次降雨之间相隔时间较长，期间全是高温天气，使得土壤含水量很低，且此时已属于作物生长的末期，作物对雨水的拦截作用降低，所以此次径流中 PN 含量较高。从图 4-4（b）中可以看出，第 2 季径流试验的降雨量基本较大，较强的降雨更易引起土壤细颗粒的流失，所以第 2 季产生的径流氮形态中 PN 浓度大于 TDN，其中 TDN 占 TN 的比例为 32.94%～60.06%，PN 占 39.94%～67.06%，但是二者总体差异不大。

对两季原位径流试验中的 NH_4^+-N 含量分析可知，NH_4^+-N 占 TN 的比例在 18.62%~57.69% 范围内，是 NO_3^--N 的 1.49~12.54 倍，是径流 TDN 的主要成分。这主要是因为 NH_4^+-N 易被土壤颗粒和土壤胶体吸附而存在于土壤表层，在达到吸附饱和后将通过地表径流、地下淋溶和氨挥发的途径损失，而 NO_3^--N 属

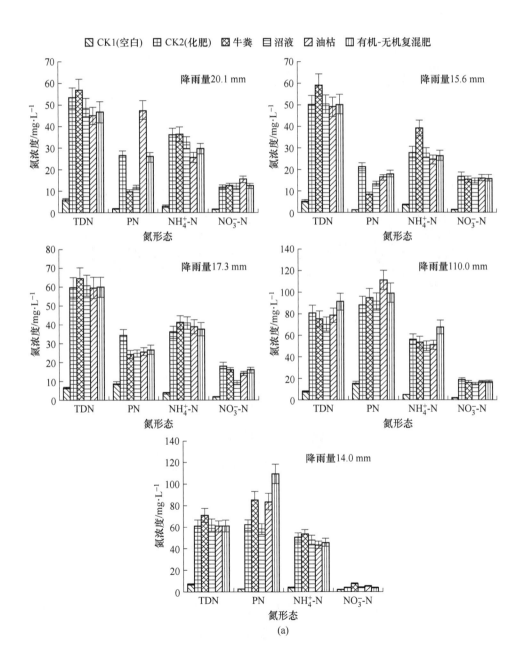

(a)

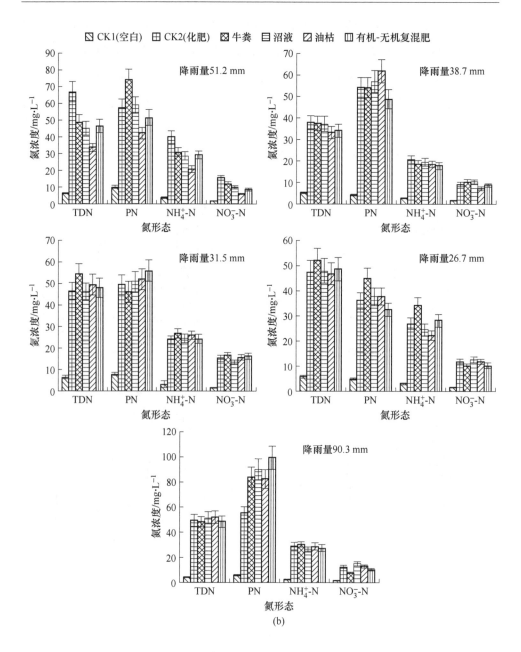

图 4-4　原位径流氮形态的比较

（a）第 1 季径流；（b）第 2 季径流

于阴离子型氮，很难被土壤阳离子吸附，故而会在降雨的作用下迅速流失，因此其在地表径流中的含有量逐渐减少（熊淑萍 等，2008）。

4.2.2.2 径流磷形态比较

图4-5为各处理两季的径流磷形态，有机肥处理和化肥处理之间的两种形态

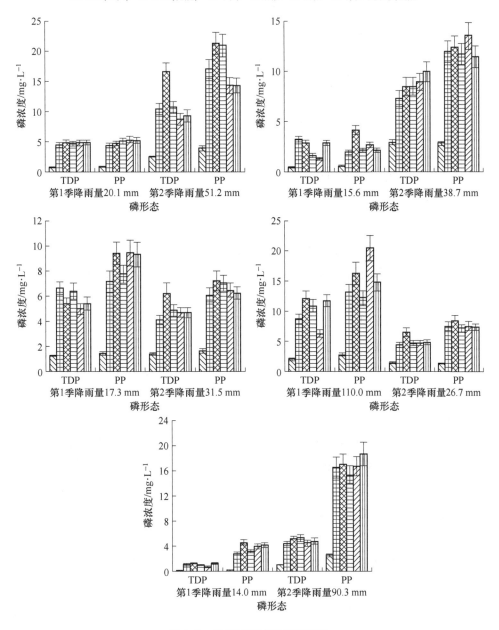

图 4-5 原位径流磷形态的比较

磷含量无显著差异，但均极显著大于空白对照（$p < 0.01$）。PP 浓度占 TP 浓度的
37.40% ~ 83.73%，大于 TDP，是径流磷的主要形态，但在降雨量较小的径流中，
PP 和 TDP 含量相差不大。在两季径流试验中，两种形态的磷皆在降雨量最大时
含量最高，说明降雨量大时能显著提高径流中的磷含量，这主要是因为施入土壤
的磷极易被土壤吸附于其表面，在降雨的作用下就极易随水流失，大的降雨条件
下，土壤更易被雨水冲蚀表土而产生流失，这与室内模拟试验的研究结果相吻
合。此外，磷肥的当季利用率极低，大部分施入土壤的磷都会在土壤中累积，故
而第 2 季的磷浓度大多大于第 1 季。

4.3　小　　结

根据农田化肥处理与有机肥处理氮、磷径流的原位对比研究，本章收集到了
连续两季的原位径流试验数据，两季分别都有 5 次产流，通过对径流液中化肥处
理和有机肥处理氮、磷含量及形态的分析，可获得如下结果。

（1）有机肥对径流氮、磷流失总量的影响：有机肥处理前期的氮、磷流失
浓度小于化肥处理，但随着时间的增加有机肥处理低于化肥处理的比例逐渐减
小，到后期逐渐高于化肥处理，供试有机肥处理和化肥处理之间无显著差异，但
均显著高于不施肥处理。第 1 季试验各处理氮浓度大小表现为牛粪 > 油枯 > 化
肥 > 有机-无机复混肥 > 沼液 > 空白，磷浓度大小表现为牛粪 > 有机-无机复混
肥 > 油枯 > 沼液 > 化肥 > 空白；第 2 季氮浓度大小表现为牛粪 > 沼液 > 有机-无
机复混肥 > 化肥 > 油枯 > 空白，磷浓度大小表现为牛粪 > 沼液 > 有机-无机复混
肥 > 油枯 > 化肥 > 空白。

（2）径流氮流失形态比较：在两季的径流水样中有机肥处理和化肥处理的
各形态氮的含量均表现出不明显的差异，但与空白对照相比，具有极显著性差
异。在第 1 季径流试验中，TDN 是径流氮的主要形态；第 2 季径流试验产生的径
流氮形态中 PN 浓度略大于 TDN。在两季原位径流试验中 NH_4^+-N 是径流 TDN 的
主要成分。

（3）径流磷流失形态比较：两季径流中有机肥处理和化肥处理之间两种形
态的磷含量无显著差异，但均极显著大于空白对照。PP 含量浓度大于 TDP，其
是径流磷的主要形态，但在降雨量较小的径流中，PP 含量和 TDP 含量相差不大。

5 有机肥对氮、磷原位淋溶流失特征的影响

农田水流方向可分为沿地表横向流和向地下纵向流两种情况，沿地表横向水流途径而流失的氮、磷为地表径流流失量，沿地下纵向水流途径而流失的氮、磷为地下淋溶流失量。本书在第 4 章中讨论了施入有机肥对氮、磷径流的原位流失特征的影响，本章将探讨施入有机肥对氮、磷淋溶的原位流失特征的影响。

农田氮、磷的淋溶流失会引起地下水中营养物质的增加，尤其是 $NO_3^- $-N 污染。大量的研究表明，地下水环境中硝酸盐浓度的增加与农田淋溶流失有直接关系。氮肥在施入土壤后，通过硝化作用形成 $NO_3^- $-N，因土壤对其吸附作用较小，使得 $NO_3^- $-N 极易随水迁移，进入地下水造成污染。此外，有机肥普遍含有较高的 TDP，能提高土壤磷素有效性，在水力作用下易随水向下迁移。加之施入有机肥后能改善土壤结构，增加土壤的孔隙度，更增加了养分淋溶流失的风险。

为了解施入有机肥后紫色土农田的淋溶流失特征，本章通过在重庆市江津区建立的淋溶试验场进行原位试验，研究紫色土农田施入有机肥后的氮、磷淋溶流失特征。

5.1 材料与方法

5.1.1 试验材料与试验设计

5.1.1.1 试验区概况

试验区位于重庆市江津区吴滩镇郎家村，介于东经 $106°15'$ 和北纬 $29°22'$ 之间，地处长江上游，三峡库区库尾。全年平均气温为 18 ℃，平均降雨量为

1200 mm，60% ~ 80%的降雨集中在 6 ~ 8 月。该区为低山丘陵区，主要土壤是紫色土，现主要用作蔬菜种植基地。

5.1.1.2　供试材料

A　供试肥料

根据当地农事习惯，原位淋溶试验选取了牛粪、油枯、奶牛养殖场沼液、有机-无机复混肥和化肥作为供试肥料。供试各肥料的氮、磷含量以及用量见表 5-1，所有肥料作为底肥一次性施入各淋溶小区。

表 5-1　供试肥料氮、磷含量和用量

肥　料	CK1（空白）	牛粪	沼液	油枯	有机-无机复混肥	CK2（化肥）
TN/g·kg^{-1}	—	6.80	3.60	24.79	122.69	148.49
TP/g·kg^{-1}	—	7.89	5.18	12.90	31.93	461.18
用量/kg·hm^{-2}	0	12000	15000	3000	1500	750

B　供试植物

根据当地的农事习惯，第 1 季在淋溶小区上种植豇豆，第 2 季种植高粱。豇豆和高粱都是在其他地块育苗，待肥料施入淋溶小区与土壤混合作用 1 ~ 2 天后移栽幼苗。

5.1.1.3　试验设计

试验进行连续两个雨季，第 1 季为 2012 年 5 ~ 8 月（种植豇豆），第 2 季为 2013 年 8 ~ 9 月（种植高粱），两季之间试验小区不种植作物，使施入的肥料能够尽可能多地被淋洗。试验设 6 个处理，每个处理重复 3 次，各处理肥料种类及其用量见表 5-2。小区试验全部采用平作，不起垄。

表 5-2　淋溶试验处理

小　区	B1	B2	B3	B4	B5	B6
肥料	CK1（空白）	牛粪	沼液	油枯	有机-无机复混肥	CK2（化肥）
肥料用量/kg·hm^{-2}	0	12000	15000	3000	1500	750

5.1.1.4　试验方法

A　淋溶小区的构建

（1）淋溶装置组件地面以下所需的各种材料如下。

淋溶盘：规格为 40 cm×50 cm×5 cm，由 PVC 材料制作。

出水嘴：用于连接淋溶盘和短出液管。

短出液管：长约 30 cm，外径 10 mm。短出液管一端与淋溶盘出水嘴相连，另一端通过橡胶塞与接液瓶连通。

接液瓶：10 L，玻璃材质，用于收集淋溶水。

橡胶塞：与 10 L 的接液瓶配套，上面打 3 个孔，其中 2 个孔与外径为 10 mm 的短出液管和抽液管配套，另一个孔与外径为 6 mm 的通气管配套。

抽液管：长约 170 cm，外径 10 mm。抽液管插入 10 L 接液瓶中，底端成楔形，距接液瓶瓶底 2~3 mm；抽液管顶端露出地面 30 cm。

通气管：长约 130 cm，外径 6 mm。通过橡胶塞插入抽液瓶中，以管底露出橡胶塞 3 cm、管顶端露出地面 30 cm 为宜。

粗沙：粒径 1 mm 左右，用清水反复洗净，晾干后装入淋溶盘，以砂面距盘口 2~3 mm 为宜。

尼龙网：100 目（0.15 mm），规格较淋溶盘面积略大即可，如（40 cm +8 cm）×（50 cm +8 cm）。淋溶盘装粗沙后，用 100 目（0.15 mm）尼龙网覆盖，粘贴在淋溶盘上表面。

（2）淋溶装置组件地面以上所需的各种材料如下。

采样瓶和缓冲瓶：分别为 2 L 玻璃瓶和 1 L 玻璃瓶，配橡胶塞，橡胶塞打 2 个孔，分别与其相连的抽气管或抽液管配套。每个监测试验点配采样瓶和缓冲瓶各 1~2 个即可。

真空泵：每个监测点配 1 台，速率约 20 L/min，最好采用自带蓄电池的泵或燃油泵。

（3）淋溶小区的构建。在各试验小区中部挖出约 140 cm 深的土坑，采用以上材料，构建淋溶小区，如图 5-1 所示，淋溶盘安装在表土以下 80~100 cm 处，地下部分材料安装完成后将挖出的土壤按照原来的层次回填，使之保持田间原状土的结构。

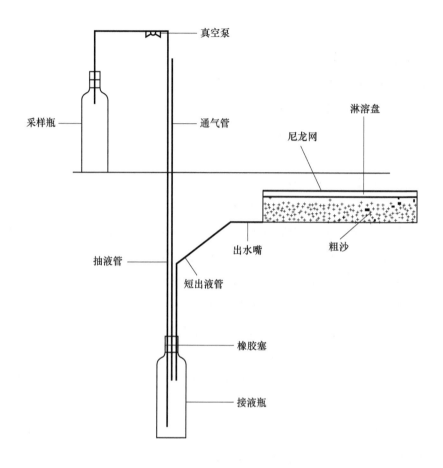

图 5-1 原位淋溶试验装置

B 试验田间管理

试验前人工去除各小区内的杂草，平整土壤，然后将供试各肥料作为底肥一次性施入，植物生长过程中不再增施其他肥料。为更好地使试验值接近真实值，本试验所有肥料均采自当地农户或集市，农作物按照当地种植习惯种植，除在试验过程中不增施肥料和喷洒农药外其余均按照当地农事习惯进行管理。

5.1.2 样品采集与分析

试验前采用多点采样法采集供试土壤，混匀作为分析样本。土样风干后测定土壤的 TN、TP 含量。水样采集是在每次有产流的降雨结束之后，按照图 5-1 所

示的位置接上真空泵和采样瓶,将淋溶液收集瓶内的水样全部抽出,密封,在
24 h 内测试,不能完成的样品放在 − 4 ℃ 的冰箱内保存。分析测定方法同 2.1.2
节。淋溶小区土壤背景值见表 5-3。

表 5-3 淋溶小区土壤背景值

小 区	B1	B2	B3	B4	B5	B6
TN/g·kg^{-1}	3.06	3.39	3.29	3.37	3.32	3.26
TP/g·kg^{-1}	1.35	1.53	1.58	1.59	1.57	1.56

5.2 结果与分析

5.2.1 有机肥对淋溶氮、磷流失总量的影响

为更加准确地了解化肥处理和有机肥处理在农田中的淋溶流失特征,作者所
在课题组连续两个雨季在江津区淋溶试验场进行原位试验。根据当地农事安排,
第 1 季试验在淋溶场上种植豇豆,于 2012 年 5 月播种,8 月所有豇豆收藤后试验
结束,其间共收集到 5 次淋溶。第 2 季试验种植高粱,于 2013 年 6 月移栽,9 月
高粱成熟收获后试验结束,共收集到 6 次淋溶。

5.2.1.1 淋溶氮流失总量

对两季原位淋溶试验的氮浓度采用 Duncan 检验法进行多重比较,结果表明:
两季供试各肥料处理的氮淋失浓度均显著高于不施肥处理($p < 0.05$)。第 1 季牛
粪处理和沼液处理之间存在显著差异($p < 0.05$),但牛粪处理与化肥处理、有
机-无机复混肥处理和油枯处理之间无显著差异($p > 0.05$),沼液处理与化肥处
理、有机-无机复混肥处理和油枯处理之间也无显著差异($p > 0.05$),其大小为
牛粪 > 化肥 > 有机-无机复混肥 > 油枯 > 沼液 > 空白;在第 2 季中,供试肥料处
理之间无显著差异($p > 0.05$),试验各处理氮浓度大小表现为牛粪 > 沼液 > 有
机-无机复混肥 > 油枯 > 化肥 > 空白。

图 5-2 所示为两季原位试验淋溶的 TN 相对流失率对比,由图可见,在第 1

季中有机肥处理的 TN 淋溶流失量大都低于化肥处理,是化肥处理的 78.20% ~ 122.81%,其中仅有 5 个处理高于化肥处理;而在第 2 季试验中有机肥处理基本都大于化肥处理,是化肥处理的 79.69% ~ 131.43%,仅有 4 个处理低于化肥处理。相比较之下,牛粪处理含有较高的氮流失,可能是因为牛粪中所含的水溶性养分较高,易在水力作用下向下迁移。在第 2 季原位淋溶试验中有机肥处理的淋溶液中氮含量较高,可能主要是因为施用化肥后其极易在短期内被作物吸收和随水流失,而有机肥中的氮会部分残留在土壤中缓慢释放,上一季有机肥的施用增加了土壤中活性氮的含量,故而在第 2 季时会在降雨的作用下随水流失。大量的研究还表明,有机肥中的氮主要以 NO_3^--N、NH_4^+-N、氨基酸态氮、氨基糖态氮等多种形态的氮存在(杜晓玉 等,2011),因此,施用有机肥后,土壤中这些形态的氮含量及比例明显增加,这将有助于增加土壤中 TDN 的含量,高含量的 TDN 在淋溶的作用下极易下渗,引起氮素养分流失。此外施入有机肥后能够显著增大土壤的孔隙度(李纯华,2000),这将极大地增加养分随水下移的可能性。

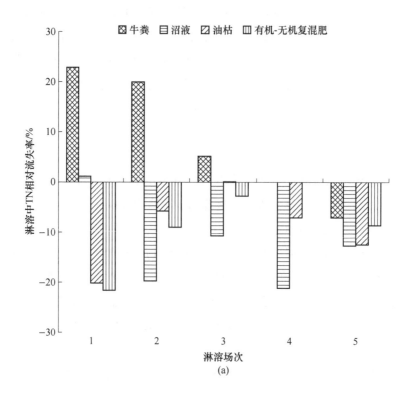

(a)

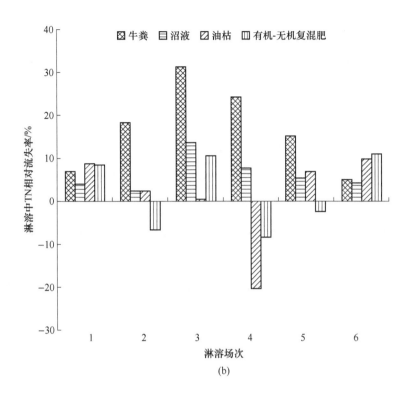

图 5-2 有机肥处理的原位淋溶 TN 相对流失率

(a) 第 1 季淋溶；(b) 第 2 季淋溶

5.2.1.2 淋溶磷流失总量

对两季原位淋溶试验的磷浓度采用 Duncan 检验法进行多重比较，结果表明：两季供试各肥料处理的磷淋失浓度均显著高于不施肥处理（$p < 0.05$）。第 1 季牛粪处理和油枯处理之间存在显著差异（$p < 0.05$），但牛粪处理与化肥处理、有机-无机复混肥处理和沼液处理之间无显著差异（$p > 0.05$），油枯处理与化肥处理、有机-无机复混肥处理和沼液处理之间也无显著差异（$p > 0.05$），其大小为牛粪＞有机-无机复混肥＞沼液＞化肥＞油枯＞空白。在第 2 季中，油枯处理与化肥处理和有机-无机复混肥处理之间存在显著差异（$p < 0.05$），但与牛粪处理和沼液处理之间无显著差异（$p > 0.05$），化肥处理与有机-无机复混肥处理、牛粪处理和沼液处理之间也无显著差异（$p > 0.05$），其大小为油枯 > 牛粪 > 沼液 > 有机-无机复混肥 > 化肥 > 空白。

图 5-3 显示了原位淋溶试验 TP 相对流失率的比较，由图可见，在两季淋溶试验中，有机肥处理淋失的磷浓度均表现出高于化肥处理，尤其是第 2 季，仅有 4 个处理的 TP 淋溶浓度略低于化肥处理，其余处理的有机肥产生的淋溶磷浓度均大于化肥处理，其中第 1 季有机肥淋溶磷浓度是化肥处理的 39.55% ~ 165.78%，第 2 季是化肥处理的 94.74% ~ 174.40%。这可能是因为施用有机肥可增加土壤有机磷各组分含量并促进土体内部各种无机形态磷的活性，这部分的磷是易于分解释放的，提高了 Olsen-P 的含量。同时，施用有机肥还能显著增加土壤有机质含量，有机质本身不但可以矿化而且其分解产生的有机阴离子和有机酸在土壤矿物上能与磷竞争吸附位点，降低土壤对磷的吸附，增加磷的解吸量，化肥的施用有同样的效果，但其作用不如有机肥显著（Maguire et al.，2002；陈欣，2012）。

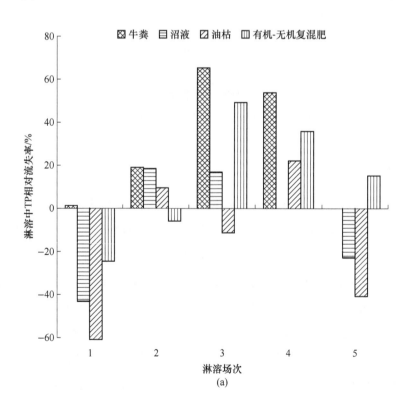

(a)

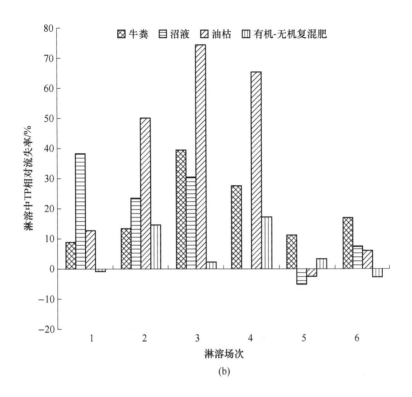

图 5-3 有机肥处理的原位淋溶 TP 相对流失率

(a) 第 1 季淋溶；(b) 第 2 季淋溶

5.2.2 淋溶氮、磷形态比较

5.2.2.1 淋溶氮形态比较

淋溶液中的各形态氮如图 5-4 所示，从图上可以看出 TDN 是淋溶流失的主要形态，占 TN 的 49.70%~97.06%，是 PN 的 0.99~33 倍，TDN 以 NO_3^--N 的流失为主，NO_3^--N 浓度是 NH_4^+-N 浓度的 1.64~6.14 倍。方差分析显示，TDN 的含量极显著大于 PN（$p < 0.01$），NO_3^--N 浓度显著大于 NH_4^+-N（$p < 0.05$），有机肥处理各形态氮浓度与化肥处理差异不显著（$p > 0.05$），施肥处理的各形态氮均极显著大于空白对照（$p < 0.01$）。原位试验显示了与模拟试验相似的结果，即有机肥和化肥在短期内均能提高土壤中可溶性 TN、NH_4^+-N 和 NO_3^--N 等，最终在降

水的作用下增加各形态氮素的淋溶损失，且氮的淋溶损失主要是以 $NO_3^- \text{-} N$ 为主的可溶态氮流失。

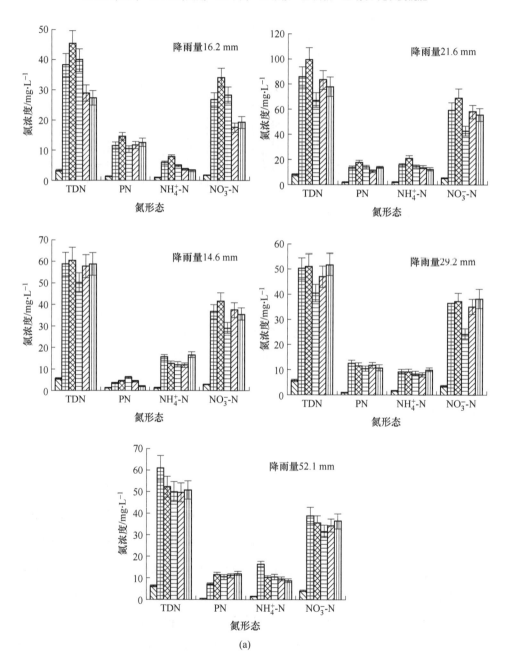

(a)

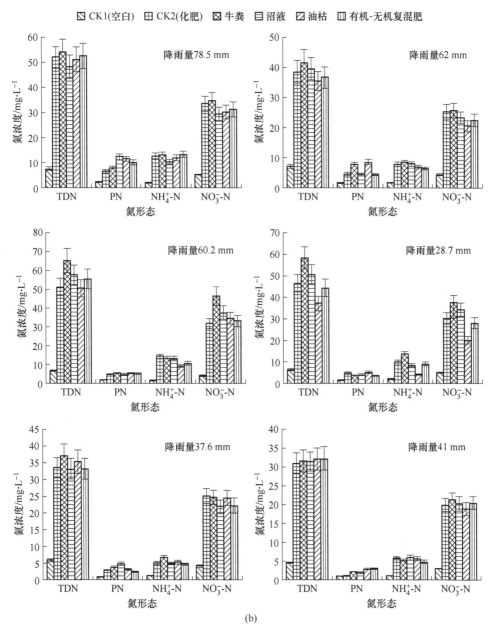

(b)

图 5-4 原位淋溶氮形态的比较

（a）第 1 季淋溶；（b）第 2 季淋溶

5.2.2.2 淋溶磷形态比较

原位淋溶试验中的磷形态分析如图 5-5 所示，由图可见，TDP 是淋溶磷的主

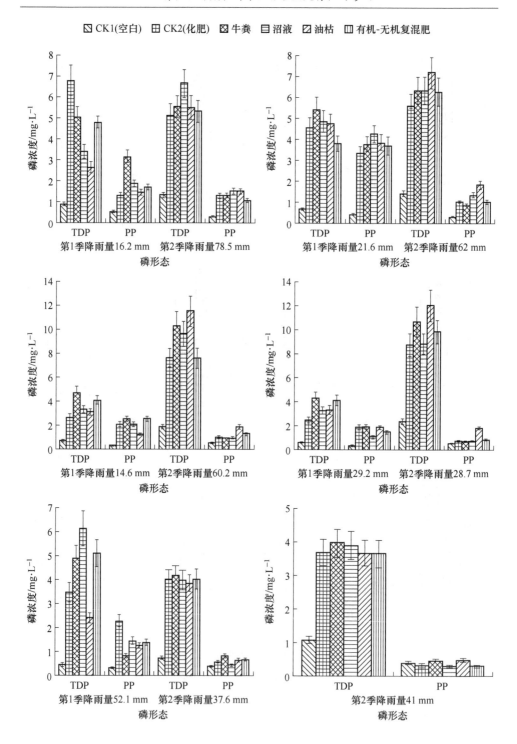

图 5-5 原位淋溶磷形态的比较

要形态，尤其是在第 2 季中，TDP 浓度极显著大于 PP 浓度（$p < 0.01$）。对两种形态磷进行比较可知，TDP 是 PP 的 1.03~17.17 倍。这主要是因为土壤高能吸附位点大部分被施入的磷肥所占据，降低了土壤对磷的固定作用，使土壤对磷的吸附能力降低，导致富余的磷肥随水运移，尤其是其中的 TDP，极易随水下渗而淋失（McDowell et al.，2001）。加之作物进入生长旺盛期后，对雨水的拦截作用增强，使雨滴击溅土壤颗粒的机会变小，因而 PP 会逐渐减少。

5.3 小 结

根据农田化肥处理与有机肥处理氮、磷淋溶的原位对比研究，本章收集到了连续两季的原位淋溶试验数据，第 1 季收集了 5 次产流，第 2 季收集了 6 次产流，通过对淋溶液中化肥处理和有机肥处理氮、磷含量及形态的分析，可获得如下结果。

（1）有机肥对氮、磷淋溶流失总量的影响：两季原位淋溶试验中，各施肥处理产生的氮、磷淋失量均显著高于不施肥处理。在第 1 季中，氮浓度大小为牛粪 > 化肥 > 有机-无机复混肥 > 油枯 > 沼液 > 空白，磷浓度大小为牛粪 > 有机-无机复混肥 > 沼液 > 化肥 > 油枯 > 空白。在第 2 季中，各处理氮浓度大小表现为牛粪 > 沼液 > 有机-无机复混肥 > 油枯 > 化肥 > 空白，磷浓度大小为油枯 > 牛粪 > 沼液 > 有机-无机复混肥 > 化肥 > 空白。

（2）淋溶氮形态比较：TDN 是淋溶流失的主要形态，占 TN 的 49.70%~97.06%，是 PN 的 0.99~33 倍，TDN 以 NO_3^--N 的流失为主，NO_3^--N 浓度是 NH_4^+-N 浓度的 1.64~6.14 倍。TDN 的含量极显著大于 PP，NO_3^--N 浓度显著大于 NH_4^+-N，有机肥处理各形态氮浓度与化肥处理差异不显著，施肥处理的各形态氮均极显著大于空白对照。

（3）淋溶磷形态比较：TDP 是淋溶磷的主要形态，TDP 是 PP 的 1.03~17.17 倍，尤其在第 2 季中，TDP 浓度极显著大于 PP 浓度。

6 结　　论

为研究有机肥在重庆紫色土区农田的氮、磷流失特征，本书通过室内模拟人工降雨试验和田间原位自然降雨试验，以不施肥处理为空白对照，化肥处理为施肥对照，研究了施用有机肥后的氮、磷流失特征。本书主要分析了在室内模拟人工降雨的条件下紫色土旱地径流和淋溶中的氮、磷流失，模拟水田环境下上覆水和下渗水中的氮、磷含量，以及田间原位自然降雨试验条件下紫色土旱地径流和淋溶中的氮、磷流失。主要得到了以下研究结论。

6.1　有机肥对水田中的氮、磷流失特征的影响

通过对淹水条件下有机肥处理与化肥处理后上覆水中氮、磷总量的对比分析可知，有机肥处理后上覆水中的 TN、TP 含量在首次淹水时均低于化肥处理，随着淹水时间的增加，有机肥处理后上覆水中的 TN、TP 含量逐渐高于化肥处理。模拟水田上覆水中的氮主要以 TDN 为主，是 PN 的 5~18 倍。NH_4^+-N 和 NO_3^--N 在上覆水中的含量相差不大，但在淹水前期 NH_4^+-N 浓度高于 NO_3^--N，在后期 NO_3^--N 浓度逐渐增加后大于 NH_4^+-N。TDP 浓度显著高于 PP 浓度，前者是后者的 7~14 倍。供试肥料处理各形态氮、磷浓度均极显著大于空白对照，而有机肥处理和化肥处理之间无显著差异。

通过对施用有机肥与化肥后下渗水中氮、磷总量的对比分析可知，施用有机肥和化肥之间下渗水中的 TN、TP 含量差异不显著，施肥后前期淹水条件下，有机肥处理的下渗水中 TN、TP 浓度均低于化肥处理，而在淹水后期均高于化肥处理。下渗水中主要的氮形态是 TDN，其中，NO_3^--N 的浓度极显著高于 NH_4^+-N。下渗水中的 TDP 浓度极显著高于 PP。在整个试验期间，有机肥处理和化肥处理之间各形态氮、磷无显著差异，施肥处理的各形态氮、磷均极显著高于空白对照。

6.2 有机肥对径流中的氮、磷流失特征的影响

在不同的降雨量、坡度和施肥量模拟条件下，氮流失大小表现为牛粪 > 有机-无机复混肥 > 化肥 > 沼液 > 油枯 > 空白，磷流失大小表现为牛粪 > 化肥 > 有机-无机复混肥 > 油枯 > 沼液 > 空白，但有机肥处理和化肥处理产生的 TN、TP 浓度之间无显著差异，均显著高于不施肥处理。模拟降雨条件下，各处理径流 TN、TP 浓度与降雨强度、施肥水平、坡度之间呈显著正相关关系。

两季原位径流试验表明，在有机肥处理前期 TN 的流失浓度小于化肥处理，但随着时间的增加有机肥处理低于化肥处理的比例逐渐减小，到后期逐渐高于化肥处理，有机肥处理在原位条件下产生的 TP 浓度大于化肥处理。

模拟试验结果显示，化肥处理的径流中 TDN、TDP、NH_4^+-N 和 NO_3^--N 浓度略大于有机肥处理，PN、PP 浓度小于有机肥处理。PN、PP 是径流氮、磷的主要流失形态，径流可溶态氮中的 NH_4^+-N 浓度大于 NO_3^--N。

原位试验结果表明，有机肥处理和化肥处理在两季的径流水样中各形态氮含量均表现出不明显的差异，但与空白对照相比，具有极显著性差异。在第 1 季径流试验中，TDN 是径流氮的主要形态；第 2 季产生的径流氮形态中 PN 浓度略大于 TDN。在两季原位径流试验中，NH_4^+-N 含量是 NO_3^--N 的 1.49 ~ 12.54 倍，是径流 TDN 的主要成分。两季径流中有机肥处理和化肥处理之间 TDP 含量和 PP 含量均无显著差异，但都极显著大于空白对照。PP 浓度大于 TDP，是径流磷的主要形态，但在降雨量较小的径流中，PP 和 TDP 含量相差不大。

6.3 有机肥对淋溶中的氮、磷流失特征的影响

在不同的降雨量和施肥量模拟淋溶试验条件下，有机肥处理与化肥处理淋溶 TN、TP 浓度之间无显著差异，都显著高于空白对照。试验各处理氮流失大小表现为牛粪 > 化肥 > 沼液 > 有机-无机复混肥 > 油枯 > 空白，磷流失大小表现为化肥 > 牛粪 > 有机-无机复混肥 > 沼液 > 油枯 > 空白。模拟条件下，各处理淋失的 TN、TP 浓度与降雨强度和施肥水平之间呈极显著正相关关系。

两季原位淋溶试验中，各施肥处理产生的氮、磷淋失量均显著高于不施肥处理。在第 1 季中，氮淋失大小为牛粪 > 化肥 > 有机-无机复混肥 > 油枯 > 沼液 >

空白，磷淋失大小为牛粪 > 有机-无机复混肥 > 沼液 > 化肥 > 油枯 > 空白。在第2季中，各处理氮浓度大小表现为牛粪 > 沼液 > 有机-无机复混肥 > 油枯 > 化肥 > 空白，磷浓度大小表现为油枯 > 牛粪 > 沼液 > 有机-无机复混肥 > 化肥 > 空白。

在模拟条件下，TDN 是淋溶氮的主要流失形式，并且极显著高于 PN 浓度，其中，TDN 主要以 NO_3^--N 的形态流失，NO_3^--N 浓度极显著高于 NH_4^+-N 浓度。TDP 是淋溶的主要流失形式，TDP 浓度极显著高于 PP 浓度，前者是后者的 3.5 ~ 35 倍。

原位试验结果表明，TDN 是淋溶流失的主要形态，是 PN 的 0.99 ~ 33 倍，TDN 以 NO_3^--N 的流失为主，NO_3^--N 浓度是 NH_4^+-N 浓度的 1.64 ~ 6.14 倍，TDN 的含量极显著大于 PN，NO_3^--N 浓度显著大于 NH_4^+-N。有机肥处理各形态氮浓度与化肥处理差异不显著，施肥处理的各形态氮均极显著大于空白对照。TDP 是淋溶磷的主要形态，尤其是在第 2 季中，TDP 浓度极显著大于 PP 浓度。

参 考 文 献

[1] 鲍全盛，王华东，1996. 我国水环境面源污染研究与展望 [J]. 地理科学，16 (1): 66-71.

[2] 卜容燕，任涛，鲁剑巍，等，2014. 水稻-油菜轮作条件下磷肥效应研究 [J]. 中国农业科学，47 (6): 1227-1234.

[3] 蔡冬清，姜疆，乔菊，等，2007. 控制化肥氮、磷流失的研究 [C] //薛群基. 中国工程院化工·冶金与材料工程学部第六届学术会议论文集. 北京：化学工业出版社：304-310.

[4] 曹利平，2004. 农业非点源浸染控制管理的经济政策体系研究 [D]. 北京：首都师范大学.

[5] 曹卫东，王旭，刘传平，等，2006. 当前部分有机肥料中的持久性有机污染问题 [J]. 土壤肥料，2: 8-11.

[6] 曹彦龙，李崇明，阚平，2007. 重庆三峡库区面源污染源评价与聚类分析 [J]. 农业环境科学学报，26 (3): 857-862.

[7] 曹彦龙，李永红，汪立飞，等，2008. 三峡库区农业化肥流失污染及其成因分析 [J]. 江苏环境科技，21 (1): 4-8.

[8] 陈防，鲁剑巍，万开元，2004. 有机无机肥料对农业环境影响述评 [J]. 长江流域资源与环境，13 (3): 258-261.

[9] 陈剑，瞿明凯，王燕，等，2019. 长三角平原区县域土壤磷素流失风险及其空间不确定性的快速评估 [J]. 生态学报，39 (24): 9131-9142.

[10] 陈俊，姚菊强，俞永远，等，2007. 施磷水田田表排水磷素流失特征及其机制研究 [J]. 广东农业科学，8: 36-39.

[11] 陈克亮，朱晓东，朱波，等，2006. 川中紫色土区旱坡地非点源氮输出特征与污染负荷 [J]. 水土保持学报，20 (4): 54-58.

[12] 陈琨，赵小蓉，王昌全，等，2009. 成都平原不同施肥水平下稻田地表径流氮、磷流失初探 [J]. 西南农业学报，22 (3): 685-689.

[13] 陈明华，周伏建，黄炎和，等，1995. 坡度和坡长对土壤侵蚀的影响 [J]. 水土保持学报，9 (1): 31-36.

[14] 陈淑峰，孟凡乔，吴文良，等，2012. 东北典型稻区不同种植模式下稻田氮素径流损失特征研究 [J]. 中国生态农业学报，20 (6): 728-733.

[15] 陈晓燕，2009. 不同尺度下紫色土水土流失效应分析 [D]. 重庆：西南大学.

[16] 陈欣，2012. 长期施用有机肥对黑土磷素形态及有效性的影响 [D]. 哈尔滨：东北农业

大学.

[17] 陈炎辉, 陈明华, 王果, 等, 2010. 不同坡度地表径流中污泥氮素流失规律的研究 [J].
环境科学, 31 (10): 2423-2430.

[18] 陈炎辉, 杨舜成, 王果, 等, 2008. 不同施用方式下酸性土坡地污泥氮素随径流迁移的
研究 [J]. 水土保持学报, 22 (2): 15-19.

[19] 陈正维, 朱波, 刘兴年, 2014. 自然降雨条件下紫色土坡地氮素随径流迁移特征 [J].
人民长江, 45 (13): 82-85.

[20] 陈志良, 程炯, 刘平, 等, 2008. 暴雨径流对流域不同土地利用土壤氮、磷流失的影响
[J]. 水土保持学报, 22 (5): 30-33.

[21] 杜晓玉, 徐爱国, 冀宏杰, 等, 2011. 华北地区施用有机肥对土壤氮组分及农田氮流失
的影响 [J]. 中国土壤与肥料, 6: 13-19.

[22] 樊羿, 2006. 有机肥资源利用现状调查与施用有机肥对土壤环境的影响研究 [D]. 郑
州: 河南农业大学.

[23] 冯晨, 2012. 持续淋溶条件下有机酸对土壤磷素释放的影响及机理研究 [D]. 沈阳: 沈
阳农业大学.

[24] 冯固, 杨茂成, 1990. 用^{32}P 示踪研究石灰性土壤中磷素的形态及其有效性变化 [J]. 土
壤学报, 33 (3): 301-307.

[25] 傅涛, 倪九派, 魏朝富, 等, 2003. 不同雨强和坡度条件下紫色土养分流失规律研究
[J]. 植物营养与肥料学报, 9 (1): 71-74.

[26] 高超, 张桃林, 2000. 太湖地区农田土壤磷素动态及流失风险分析 [J]. 农村生态环境,
16 (4): 24-27.

[27] 高超, 朱继业, 窦贻俭, 等, 2004. 基于非点源污染控制的景观格局优化方法与原则
[J]. 生态学报, 24 (1): 109-116.

[28] 高超, 朱继业, 朱建国, 等, 2005. 不同土地利用方式下的地表径流磷输出及其季节性
分布特征 [J]. 环境科学学报, 25 (11): 1543-1549.

[29] 高扬, 朱波, 周培, 等, 2008. 紫色土坡地氮素和磷素非点源输出的人工模拟研究 [J].
农业环境科学学报, 27 (4): 1371-1376.

[30] 耿晓东, 郑粉莉, 刘力, 2010. 降雨强度和坡度双因子对紫色土坡面侵蚀产沙的影响
[J]. 泥沙研究, 6: 48-53.

[31] 国家环境保护总局自然生态保护司, 2002. 全国规模化畜禽养殖业污染情况调查及防治
对策 [M]. 北京: 中国环境科学出版社.

[32] 国家统计局, 2014. 第一次全国污染源普查公报 [R]. 北京.

[33] 国土资源部, 2000. 我国主要城市和地区地下水水情通报 [R]. 北京.

[34] 郭智，周炜，陈留根，等，2013. 施用猪粪有机肥对稻麦两熟农田稻季养分径流流失的影响 [J]. 水土保持学报，27 (6)：21-25，61.

[35] 韩建刚，李占斌，钱程，2010. 紫色土小流域土壤及氮、磷流失特征研究 [J]. 生态环境学报，19 (2)：423-427.

[36] 贺峰，雷海章，2005. 论生态农业与中国农业现代化 [J]. 中国人口、资源与环境，2：23-26.

[37] 黄凯，2011. 洱海农村畜禽粪便氮、磷流失规律及控制方案研究 [D]. 昆明：昆明理工大学.

[38] 黄丽，丁树文，董舟，等，1998. 三峡库区紫色土养分流失的实验研究 [J]. 土壤侵蚀与水土保持学报，4 (1)：8-13.

[39] 黄利玲，王子芳，高明，等，2011. 三峡库区紫色土旱坡地不同坡度土壤磷素流失特征研究 [J]. 水土保持学报，25 (1)：30-33.

[40] 黄满湘，章申，张国梁，等，2003. 北京地区农田氮素养分随地表径流流失机理 [J]. 地理学报，58 (1)：147-154.

[41] 黄明蔚，刘敏，陆敏，等，2007. 稻麦轮作农田系统中氮素渗漏流失的研究 [J]. 环境科学学报，27 (4)：629-636.

[42] 黄绍敏，郭斗斗，张水清，2011. 长期施用有机肥和过磷酸钙对潮土有效磷积累与淋溶的影响 [J]. 应用生态学报，22 (1)：93-98.

[43] 黄真理，李玉樑，陈永灿，等，2006. 三峡水库水质预测和环境容量计算 [M]. 北京：中国水利水电出版社.

[44] 黄宗楚，2005. 上海旱地农田氮、磷流失过程及环境效应研究 [D]. 上海：华东师范大学.

[45] 纪雄辉，郑圣先，刘强，等，2007. 施用猪粪和化肥对稻田土壤表面水氮、磷动态的影响 [J]. 农业环境科学学报，26 (1)：29-35.

[46] 贾海燕，雷阿林，雷俊山，等，2006. 紫色土地区水文特征对硝态氮流失的影响研究 [J]. 环境科学学报，26 (10)：1658-1664.

[47] 贾佳，2001. 不同磷肥分配方式的施用效果及其后效研究 [J]. 河南农业大学学报，35：20-22.

[48] 焦险峰，杨邦杰，裴志远，2006. 基于分层抽样的中国水稻种植面积遥感调查方法研究 [J]. 农业工程学报，22 (5)：105-110.

[49] 金春玲，高思佳，叶碧碧，等，2018. 洱海西部雨季地表径流氮、磷污染特征及受土地利用类型的影响 [J]. 环境科学研究，31 (11)：1891-1899.

[50] 金圣爱，王恒，刘庆花，等，2010. 山东寿光设施菜地富磷土壤磷素淋溶特征研究 [J].

土壤通报, 41 (3): 577-581.

[51] 金相灿, 2001. 湖泊富营养化控制和管理技术 [M]. 北京: 化学工业出版社.

[52] 李纯华, 2000. 有机肥对紫色土容重及孔隙度的影响 [J]. 绵阳经济技术高等专科学校学报, 17 (2): 23-24.

[53] 李丹, 储昭升, 刘琰, 等, 2019. 洱海流域生态塘湿地氮截留特征及其影响因素 [J]. 环境科学研究, 32 (2): 212-218.

[54] 李恒鹏, 金洋, 李燕, 2008. 模拟降雨条件下农田地表径流与壤中流氮素流失比较 [J]. 水土保持学报, 22 (2): 6-9, 46.

[55] 李静, 魏世强, 杨勇, 等, 2005. 库区消落区紫色土与水稻土磷吸附解吸特征 [J]. 西南农业大学学报 (自然科学版), 27 (4): 459-463.

[56] 李庆召, 王定勇, 朱波, 等, 2004. 川中紫色土旱坡地磷素的输出特征研究 [J]. 水土保持学报, 18 (6): 97-99.

[57] 李书田, 金继运, 2011. 中国不同区域农田养分输入、输出与平衡 [J]. 中国农业科学, 44 (20): 4207-4229.

[58] 李同杰, 刘晶晶, 刘春生, 等, 2006. 磷在棕壤中淋溶迁移特征研究 [J]. 水土保持学报, 20 (4): 35-39.

[59] 李学平, 石孝均, 2010. 模拟条件下农田磷素渗漏淋失特征研究 [J]. 环境科学与技术, 33 (3): 32-36.

[60] 李学平, 孙燕, 石孝均, 2008. 紫色土稻田磷素淋失特征及其对地下水的影响 [J]. 环境科学学报, 28 (9): 1832-1838.

[61] 李仲明, 唐时嘉, 张先婉, 等, 1991. 中国紫色土 [M]. 北京: 科学出版社.

[62] 李宗新, 董树亭, 王空军, 等, 2007. 不同肥料运筹对夏玉米田间土壤氮素淋溶与挥发影响的原位研究 [J]. 植物营养与肥料学报, 13 (6): 998-1005.

[63] 连纲, 王德建, 2004. 太湖地区麦季氮素淋失特征 [J]. 土壤通报, 35 (2): 163-165.

[64] 联合国开发计划署, 2022. 世界资源报告 (2000—2001) [M]. 北京: 中国环境科学出版社.

[65] 梁涛, 张秀梅, 章申, 等, 2002. 西苕溪流域不同土地类型下氮元素输移过程 [J]. 地理学报, 57 (4): 389-396.

[66] 林葆, 2003. 化肥与无公害农业 [M]. 北京: 中国农业出版社.

[67] 林超文, 陈一兵, 黄晶晶, 等, 2007. 不同耕作方式和雨强对紫色土养分流失的影响 [J]. 中国农业科学, 40 (10): 2241-2249.

[68] 刘刚才, 高美荣, 林三益, 等, 2002. 紫色土两种耕作制的产流产沙过程与水土流失观测准确性分析 [J]. 水土保持学报, 16 (4): 108-112.

[69] 刘健, 2010. 三种质地土壤氮素淋溶规律研究 [D]. 北京: 北京林业大学.

[70] 刘建玲, 廖文华, 张作新, 等, 2007. 磷肥和有机肥的产量效应与土壤积累磷的环境风险评价 [J]. 中国农业科学, 40 (5): 959-965.

[71] 刘京, 2011. 三峡紫色土坡耕地小流域氮、磷收支及流失风险研究 [D]. 重庆: 重庆大学.

[72] 刘荣乐, 李书田, 王秀斌, 等, 2005. 我国商品有机肥料和有机废弃物中重金属的含量状况与分析 [J]. 农业环境科学学报, 24 (2): 392-397.

[73] 刘晓燕, 金继运, 任天志, 等, 2010. 中国有机肥料养分资源潜力和环境风险分析 [J]. 应用生态学报, 21 (8): 2092-2098.

[74] 陆杰, 魏晓平, 张怀志, 2006. 面源污染中畜禽有机肥磷的流失形态及其环境效应 [J]. 中国人口·资源与环境, 16 (5): 130-134.

[75] 卢齐齐, 2011. 人工模拟降雨条件下紫色土氮、磷流失规律试验研究 [D]. 重庆: 重庆大学.

[76] 罗春燕, 涂仕华, 庞良玉, 等, 2009. 降雨强度对紫色土坡耕地养分流失的影响 [J]. 水土保持学报, 8 (4): 24-29.

[77] 马保国, 刘永朝, 薛进军, 2007. 冀南稻麦轮作区化肥施用与氮、磷流失状况分析 [J]. 灌溉排水学报, 26 (3): 72-74.

[78] 莫淑勋, 1991. 猪粪等有机肥料中磷素养分循环再利用的研究 [J]. 土壤学报, 28 (3): 309-315.

[79] 倪玉雪, 尹兴, 刘新宇, 等, 2013. 华北平原冬小麦季化肥氮去向及土壤氮库盈亏定量化探索 [J]. 生态环境学报, 22 (3): 392-397.

[80] 潘丹丹, 吴祥为, 田光明, 等, 2012. 土壤中可溶性氮和 pH 对有机肥和化肥的短期响应 [J]. 水土保持学报, 2: 170-174.

[81] 潘圣刚, 曹凑贵, 蔡明历, 等, 2009. 氮肥运筹对水稻氮素吸收和稻田渗漏液氮素浓度影响 [J]. 农业环境科学学报, 28 (10): 2145-2150.

[82] 彭畅, 朱平, 牛红红, 等, 2010. 农田氮、磷流失与农业非点源污染及其防治 [J]. 土壤通报, 41 (2): 508-512.

[83] 彭世彰, 黄万勇, 杨士红, 等, 2013. 田间渗漏强度对稻田磷素淋溶损失的影响 [J]. 节水灌溉, (9): 36-39.

[84] 秦鱼生, 涂仕华, 孙锡发, 等, 2008. 长期定位施肥对碱性紫色土磷素迁移与累积的影响 [J]. 植物营养与肥料学报, 14 (5): 880-885.

[85] 邱光胜, 胡圣, 叶丹, 等, 2011. 三峡库区支流富营养化及水华现状研究 [J]. 长江流域资源与环境, 20 (3): 311-316.

[86] 邱泽东, 李晔, 周显, 等, 2014. 硝态氮在紫色土和石灰土中淋溶过程模拟研究 [J]. 武汉理工大学学报, 36 (7): 119-123.

[87] 任顺荣, 邵玉翠, 高宝岩, 等, 2005. 长期定位施肥对土壤重金属含量的影响 [J]. 水土保持学报, 19 (4): 96-99.

[88] 单艳红, 杨林章, 颜廷梅, 等, 2005. 水田土壤溶液磷氮的动态变化及潜在的环境影响 [J]. 生态学报, 25 (1): 115-121.

[89] 商放泽, 杨培岭, 李云开, 等, 2012. 不同施氮水平对深层包气带土壤氮素淋溶累积的影响 [J]. 农业工程学报, 28 (7): 103-110.

[90] 尚来贵, 张岩竹, 2013. 长期施用有机肥土壤磷素的演变规律研究 [J]. 农业开发与装备, 8: 46.

[91] 司友斌, 王慎强, 陈怀满, 2000. 农田氮、磷的流失与水体富营养化 [J]. 土壤, 4: 188-193.

[92] 宋春萍, 徐爱国, 张维理, 等, 2008. 有机肥水溶性磷与易溶性磷的研究 [J]. 安徽农业科学, 36 (1): 242-243, 282.

[93] 孙军益, 2012. 三峡库区紫色土氮、磷淋溶试验研究 [D]. 重庆: 重庆大学.

[94] 孙军益, 方芳, 郭劲松, 等, 2012. 三峡库区不同碳铵用量紫色土氮素淋溶试验研究 [J]. 三峡环境与生态, 32 (2): 13-16, 28.

[95] 孙彭力, 王慧君, 1995. 氮素化肥的环境污染 [J]. 环境污染与防治, 17 (1): 38-41.

[96] 万丹, 2007. 紫色土不同利用方式下土壤侵蚀及氮、磷流失研究 [D]. 重庆: 西南大学.

[97] 王超, 赵培, 高美荣, 2013. 紫色土丘陵区典型生态-水文单元径流与氮、磷输移特征 [J]. 水利学报, 44 (6): 748-755.

[98] 王朝辉, 李生秀, 王西娜, 等, 2006. 旱地土壤硝态氮残留淋溶及影响因素研究 [J]. 土壤, 38 (6): 676-681.

[99] 王春梅, 2011. 太湖流域典型菜地地表径流氮、磷流失研究 [D]. 南京: 南京农业大学.

[100] 王洪杰, 李宪文, 史学正, 等, 2002. 四川紫色土区小流域土壤养分流失初步研究 [J]. 土壤通报, 33 (6): 441-444.

[101] 王红霞, 周建斌, 雷张玲, 等, 2008. 有机肥中不同形态氮及可溶性有机碳在土壤中淋溶特性研究 [J]. 农业环境科学学报, 27 (4): 1364-1370.

[102] 王辉, 王全九, 邵明安, 2005. 降水条件下黄土坡地氮素淋溶特征的研究 [J]. 水土保持学报, 19 (5): 61-64, 93.

[103] 王静, 丁树文, 李朝霞, 等, 2008. 丹江库区典型土壤磷的淋溶模拟研究 [J]. 农业环

境科学学报, 27 (2): 692-697.

[104] 王亮, 2009. 人工模拟降雨条件下紫色土养分流失研究 [D]. 重庆: 西南大学.

[105] 王生录, 2003. 黄土高原旱地磷肥残效及利用率研究 [J]. 水土保持研究, 10 (1): 71-75.

[106] 王甜, 黄志霖, 曾立雄, 等, 2018. 不同施肥处理对三峡库区柑橘园土壤氮、磷淋失影响 [J]. 水土保持学报, 32 (5): 53-57.

[107] 王婷婷, 王俊, 赵牧秋, 等, 2009. 有机肥对设施菜地土壤磷素累积及有效性的影响 [J]. 农业环境科学学报, 28 (1): 95-100.

[108] 王婷婷, 王俊, 赵牧秋, 等, 2011. 有机肥对设施菜地土壤磷素状况的影响 [J]. 土壤通报, 42 (1): 132-135.

[109] 汪翔, 张锋, 2011. 中国农业化肥投入现状与地区差异性分析 [J]. 江西农业学报, 23 (12): 169-173.

[110] 王晓燕, 王一峋, 王晓峰, 等, 2003. 密云水库小流域土地利用方式与氮、磷流失规律 [J]. 环境科学研究, 16 (1): 30-33.

[111] 王小治, 高人, 朱建国, 等, 2004. 稻季施用不同尿素品种的氮素径流和淋溶损失 [J]. 中国环境科学, 24 (5): 600-604.

[112] 王新军, 2006. 磷肥和有机肥对土壤各形态磷的影响及环境效应研究 [D]. 保定: 河北农业大学.

[113] 王旭东, 胡田田, 李全新, 等, 2001. 有机肥料的磷素组成及供磷能力评价 [J]. 西北农业学报, 10 (3): 63-66.

[114] 王玉梅, 任丽军, 霍太英, 等, 2009. 山东省化肥流失状况及其对水环境污染的影响 [J]. 鲁东大学学报 (自然科学版), 25 (3): 263-266.

[115] 魏红安, 2011. 洞庭湖湖垸旱地土壤氮、磷迁移与生态阻控技术研究 [D]. 西安: 西安建筑科技大学.

[116] 武淑霞, 2005. 我国农村畜禽养殖业氮、磷排放时空变化特征及其对农业面源污染的影响 [D]. 北京: 中国农业科学院.

[117] 吴希媛, 2011. 红壤坡地菜园地表径流中氮、磷流失模拟试验及建模研究 [D]. 杭州: 浙江大学.

[118] 夏立忠, Roy A, 2000. 长期施用牛粪条件下草原土壤磷的等温吸附与解吸动力学 [J]. 土壤, 32 (2): 160-164.

[119] 夏立忠, 杨林章, 2003. 太湖流域非点源污染研究与控制 [J]. 长江流域资源与环境, 12 (1): 45-49.

[120] 夏天翔, 李文朝, 冯慕华, 2008. 抚仙湖流域砾质土有机及常规肥料淋溶模拟研究

[J]. 土壤, 40 (4): 596-601.

[121] 夏小江, 2012. 太湖地区稻田氮、磷养分径流流失及控制技术研究 [D]. 南京: 南京农业大学.

[122] 向万胜, 2004. 土壤磷素的化学组分及其植物有效性 [J]. 植物营养与肥料学报, 10 (6): 663-670.

[123] 肖辉, 潘洁, 程文娟, 等, 2012. 不同有机肥对设施土壤有效磷累积与淋溶的影响 [J]. 土壤通报, 43 (5): 1195-1200.

[124] 谢红梅, 朱波, 朱钟麟, 2006. 无机与有机肥配施下紫色土铵态氮、硝态氮时空变异研究——夏玉米季 [J]. 中国生态农业学报, 14 (2): 103-106.

[125] 熊金燕, 2010. 巢湖流域典型农田系氮、磷流失及其影响因素研究 [D]. 合肥: 安徽农业大学.

[126] 熊淑萍, 姬兴杰, 李春明, 等, 2008. 不同肥料处理对土壤铵态氮时空变化影响的研究 [J]. 农业环境科学学报, 27 (3): 978-983.

[127] 徐爱国, 2009. 原位模拟降雨条件下太湖地区不同农田类型氮、磷流失特征研究 [D]. 北京: 中国农业科学院.

[128] 徐明岗, 梁国庆, 张夫道, 2006. 中国土壤肥力演变 [M]. 北京: 中国农业科技出版社.

[129] 徐泰平, 朱波, 况福虹, 等, 2006. 四川紫色土坡耕地磷素渗漏迁移初探 [J]. 农业环境科学学报, 25 (2): 464-466.

[130] 徐亚娟, 高扬, 朱宁华, 等, 2014. 紫色土流域次降雨条件下碳、磷非点源输出过程及其流失负荷研究 [J]. 生态学报, 34 (17): 5021-5029.

[131] 薛石龙, 丁效东, 廖新荣, 等, 2013. 有机肥施用对珠三角菜地土壤磷污染风险的初步研究 [J]. 生态环境学报, 22 (8): 1428-1431.

[132] 杨国义, 李芳柏, 万洪富, 等, 2003. 牛粪混合堆肥过程中重金属含量的变化 [J]. 生态环境, 12 (4): 412-414.

[133] 杨佳嘉, 2014. 紫色土氮素初级转化速率与氮去向的关系及其调控措施研究 [D]. 南京: 南京师范大学.

[134] 杨洁, 刘波, 常素云, 等, 2013. 富营养化水体原位控磷技术研究及应用 [J]. 水资源保护, 29 (2): 10-17.

[135] 杨丽霞, 杨桂山, 苑韶峰, 等, 2007. 影响土壤氮素径流流失的因素探析 [J]. 中国生态农业学报, 15 (6): 190-194.

[136] 杨蕊, 李裕元, 魏红安, 等, 2011. 畜禽有机肥氮、磷在红壤中的矿化特征研究 [J]. 植物营养与肥料学报, 17 (3): 600-607.

[137] 姚军, 2010. 紫色土坡耕地不同施肥水平下氮、磷流失特征研究 [D]. 重庆：西南大学.

[138] 姚军, 王亮, 何丙辉, 2013. 人工模拟降雨不同施肥方式下紫色土养分流失研究 [J]. 西南大学学报（自然科学版）, 32 (11)：83-88.

[139] 易时来, 石孝均, 2006. 油菜生长季氮素在紫色土中的淋失 [J]. 水土保持学报, 20 (1)：83-86.

[140] 易时来, 石孝均, 温明霞, 等, 2004. 小麦生长季氮素在紫色土中的迁移和淋失 [J]. 水土保持学报, 18 (4)：46-49.

[141] 尹海峰, 焦加国, 孙震, 等, 2013. 不同水肥管理模式对太湖地区稻田土壤氮素渗漏淋溶的影响 [J]. 土壤, 45 (2)：199-206.

[142] 尹岩, 梁成华, 杜立宇, 等, 2012. 施用有机肥对土壤有机磷转化的影响研究 [J]. 中国土壤与肥料, 4：39-43.

[143] 余贵芬, 毛知耘, 石孝均, 等, 1999. 氮素在紫色土中的移动和淋失研究 [J]. 西南农业大学学报, 21 (3)：228-232.

[144] 俞巧钢, 陈英旭, 张秋玲, 等, 2007. DMPP 对氮素垂直迁移转化及淋溶损失的影响 [J]. 环境科学, 28 (4)：813-818.

[145] 袁天泽, 潘明安, 黄仁军, 等, 2010. 氮、磷肥施用对水稻品质及稻田氮、磷含量的影响 [J]. 中国种业, 10：53-55.

[146] 袁正科, 周刚, 田大伦, 等, 2005. 红壤和紫色土区域植被恢复中的水土流失过程 [J]. 中南林学院学报, 25 (6)：1-7.

[147] 张宝贵, 李贵桐, 1998. 土壤生物在土壤磷有效化中的作用 [J]. 土壤学报, 36 (1)：104-111.

[148] 张凤华, 廖文华, 刘建玲, 2009. 连续过量施磷和有机肥的产量效应及环境风险评价 [J]. 植物营养与肥料学报, 15 (6)：1280-1287.

[149] 张国梁, 章申, 1998. 农田氮素淋溶研究进展 [J]. 土壤, 6 (2)：291-297.

[150] 张海涛, 刘建玲, 廖文华, 等, 2008. 磷肥和有机肥对不同磷水平土壤磷吸附-解吸的影响 [J]. 植物营养与肥料学报, 14 (2)：284-290.

[151] 张倩, 高明, 徐畅, 等, 2013. 施氮对紫色土硝酸根和盐基离子耦合迁移的影响 [J]. 水土保持学报, 27 (1)：111-115.

[152] 张思兰, 石孝均, 郭涛, 2014. 不同土壤湿润速率下中性紫色土磷素淋溶的动态变化 [J]. 环境科学, 35 (3)：1111-1118.

[153] 张维理, 武淑霞, 冀宏杰, 等, 2004. 中国农业面源污染形势估计及控制对策 I：21 世纪初期中国农业面源污染的形势估计 [J]. 中国农业科学, 37 (7)：1008-1017.

［154］张英鹏，李彦，聂培荟，等，2007. 山东省典型褐土的磷素淋溶特征及风险评价［J］. 中国农学通报，23（11）：219-223.

［155］张志剑，王光火，王珂，等，2001. 模拟水田的土壤磷素溶解特征及其流失机制［J］. 土壤学报，38（1）：139-143.

［156］张志剑，王兆德，姚菊祥，等，2007. 水文因素影响稻田氮、磷流失的研究进展［J］. 生态环境，16（6）：1789-1794.

［157］张作新，2008. 磷肥和有机肥对不同磷水平土壤磷素渗漏的影响研究［D］. 保定：河北农业大学.

［158］赵长盛，胡承孝，黄魏，2013. 华中地区两种典型菜地土壤中氮素的矿化特征研究［J］. 土壤，45（1）：41-45.

［159］赵亮，成钢，孙鹏程，2013. 模拟强降雨条件下硝态氮在土壤剖面的累积及淋溶研究［J］. 安徽农业科学，41（7）：2941-2943.

［160］赵亮，唐泽军，2011. 聚丙烯酰胺施用对铵态氮地表径流迁移的影响及解析模拟［J］. 农业工程学报，27（3）：49-54.

［161］赵林萍，2009. 施用有机肥农田氮、磷流失模拟研究［D］. 武汉：华中农业大学.

［162］赵满兴，周建斌，陈竹君，等，2008. 不同类型农田土壤对可溶性有机氮、碳的吸附特性［J］. 应用生态学报，19（1）：76-80.

［163］中华人民共和国生态环境部，2014. 2013 年中国环境状况公报［R］. 北京.

［164］周建斌，陈竹君，郑险峰，2005. 土壤可溶性有机氮及其在氮素供应及转化中的作用［J］. 土壤通报，36（2）：244-248.

［165］朱莱红，董彩霞，沈其荣，等，2010. 配施有机肥提高化肥氮利用效率的微生物作用机制研究［J］. 植物营养与肥料学报，16（2）：282-288.

［166］朱晓晖，杜晓玉，张维理，2013. 有机肥种类对土壤有效磷累积量的影响及其流失风险［J］. 中国土壤与肥料，5：14-18.

［167］朱兆良，2000. 农田中氮肥的损失与对策［J］. 土壤与环境，9（1）：1-6.

［168］朱兆良，DAVID N，孙波，2006. 中国农业面源污染控制对策［M］. 北京：中国环境科学出版社.

［169］朱兆良，范晓晖，孙永红，等，2004. 太湖地区水稻土上稻季氮素循环及其环境效应［J］. 作物研究，4：187-191.

［170］ALLEN B L，MALLARINO A P，2008. Effect of liquid swine manure rate, incorporation, and timing of rainfall on phosphorus loss with surface runoff［J］. Journal of Environmental Quality, 37：125-137.

[171] ARNALDO M, CARLOS S, THOMAS V, et al. , 2011. Effect of temperature on biogeochemistry of marine organic-enriched systems: Implications in a global warming scenario [J]. Ecological Applications, 21: 2664-2677.

[172] Assessment and Watershed Protection Division Office of Wetlands, Oceans and Watersheds, 2013. Environmental indicators of water quality in the United States [R]. Washington D. C. : USEPA.

[173] BARTON A P, FULLEN M A, MITCHELL D J, et al. , 2004. Effects of soil conservation measures on erosion rates and crop productivity on subtropical Ultisols in Yunnan Province, China [J]. Agriculture, Ecosystems and Environment, 104: 343-357.

[174] BEEGLE D B, PARSONS R L, WELD J L, et al. , 2002. Evaluation of phosphorus based nutrient management strategies in Pennsylvania [J]. Journal of Soil and Water Conservation, 57 (6): 448-454.

[175] BERGSTROM L F, KIRCHMANN H, 1999. Leaching of total nitrogen from nitrogen-15-labeled poultry manure and inorganic nitrogen fertilizer [J]. Journal of Environmental Quality, 28: 1283-1290.

[176] BINFORD G D, DIVAL D B, EGHBALL B, 1996. Phosphorus movement and adsorption in a soil receiving long-term manure and fertilizer application [J]. Journal of Environmental Quality, 25: 1339-1343.

[177] BOWMAN R A, VIGIL M F, 2002. Soil testing for different phosphorus pools in cropland soils of the great plains [J]. Journal of Soil and Water Conservation, 57: 479-485.

[178] BROOKES P C, HECKRATH G, POULTON P R, et al. , 1995. Phosphorus leaching from soils containing different phosphorus concentrations in the Broadbalk Experiment [J]. Journal of Environmental Quality, 24: 904-910.

[179] BURGERS S L G, OENEMA J, VERLOOP J, et al. , 2010. P-equilibrium fertilization in an intensive dairy farming system: Effects on soil-P status, crop yield and P leaching [J]. Nutrient Cycling in Agroecosystems, 87: 369-382.

[180] CARPENTER-BOGGS L, KENNEDY A C, et al. , 2000. Reganold organic and biodynamic management effects on soil biology [J]. Soil Science Society of America Journal, 64 (5): 1651-1659.

[181] CHOUDHURY A T M A, KENNEDY I R, 2005. Nitrogen fertilizer losses from rice soils and control of environmental pollution problems [J]. Soil Science and Plant Analysis, 36: 1625-1639.

[182] CHRISTIE P, JU X T, 2011. Calculation of theoretical nitrogen rate for simple nitrogen

recommendations in intensive cropping systems: A case study on the North China Plain [J]. Field Crops Research, 124: 450-458.

[183] CHUNG S O, KIM H S, KIM J S, 2003. Model development for nutrient loading from paddy rice fields [J]. Agricultural Water Management, 62: 1-17.

[184] COOKE G W, 1986. Long-term fertilizer experiment in England: The significance of their results for agricultural science and for practical farming [J]. Ann. Agron. , 27: 503-536.

[185] CORDELL D, SCHMID-NESET T, WHITE S, et al. , 2009. Preferred future phosphorus scenarios: A framework for meeting long-term phosphorus needs for global food demand [C] //International Conference on Nutrient Recovery from Wastewater Streams. Vancouver: IWA Publishing, 23-43.

[186] CORDELL D, WHITE S, 2011. Peak phosphorus: Clarifying the key issues of a vigorous debate about long-term phosphorus security [J]. Sustainability, 3: 2027-2049.

[187] CORNU S, FORESTIER L L, MONTAGNE D, et al. , 2009. Soil drainage as an active agent of recent soil evolution: A review [J]. Pedosphere, 19 (1): 1-13.

[188] COX J W, CIIITTLEBOROUGH D J, FLEMING N K, et al. , 2001. Path ways for phosphorus loss off pastures in South Australia [C]//Institute of Grassland and Environmental Research. Connecting phosphorus transfer from agriculture to impacts in surface waters: 65-74.

[189] DELL C J, KLEINMAN P J A, SRINIVASAN M S, et al. , 2006. Role of rainfall intensity and hydrology in nutrient transport via surface runoff [J]. Journal of Environmental Quality, 35: 1248-1259.

[190] DOLFING J, HEINEN M, VAN DER SALM C, et al. , 2006. Estimation of nitrogen losses via denitrification from a heavy clay soil under grass [J]. Agricultural Ecosystem Environment, 113: 356-363.

[191] DOU Z, TOTH J D, GALLIGAND T, et al. , 2000. Laboratory procedure for characterizing manure phosphorus [J]. Journal of Environmental Quality, 29: 508-514.

[192] Environment Agency, 1997. Water pollution incidents in England and Wales 1996 [M]. London: Her/His Majesty's Stationary Office.

[193] ERISMAN J W, OENEMA O, SUTTON M, et al. , 2011. Too much of a good thing [J]. Nature, 472: 159-161.

[194] FAVARETTO N, MORI H F, PAULETTI V, et al. , 2009. Perda de água, solo e fósforo com aplicação de dejeto líquido bovino em Latossolo sob plantio direto e com chuva simulada [J]. Revista Brasileira de Ciência do Solo, 33: 189-198.

[195] FOY B, SHARPLEY A, WITHERS P, 2000. Practical and innovative measures for control of

agricultural phosphorus losses to water: An overview [J]. Journal of Environmental Quality, 29: 1-9.

[196] FOY R H, MAGUIRE R O, SIMS J T, 2001. Long-term kinetics for phosphorus sorption-desorption by high phosphorus soils from Ireland and the Delmarva Peninsula, USA [J]. Soil Science, 166 (8): 557-565.

[197] GAO J X, WANG L, ZHAO X, et al., 2019. Effects of fertilizer types on nitrogen and phosphorous loss from ice-wheat rotation system in the Taihu Lake region of China [J]. Agriculture, Ecosystems and Environment, 285: 106605.

[198] GBUREK W J, SHARPLEY A N, 1998. Hydrologic controls on phosphorus loss from upland agricultural watersheds [J]. Journal of Environmental Quality, 27: 267-277.

[199] GE F L, SU Z G, ZHANG J H, 2007. Response of changes in soil nutrients to soil erosion on a purple soil of cultivated sloping land [J]. Acta Ecologica Sinica, 27 (2): 459-464.

[200] HOLDEN J, SPERA K, WANG H, et al., 2013. Phosphorus fluxes at the sediment-water interface in subtropical wetlands subjected to experimental warming: A microcosm study [J]. Chemosphere, 90 (6): 1794-1804.

[201] HUBBARD R K, THOMAS D L, LEONARD R A, et al., 1987. Surface run-off and shallow groundwater quality as affected by centre pivot applied dairy cattle wastes [J]. Transactions ASAE, 30 (2): 430-437.

[202] INSAF S B, MOHAMED A A, MOHAMED H, et al., 2004. Assessment of groundwater contamination by nitrate leaching from intensive vegetable cultivation using geographical information system [J]. Environment International, 29 (8): 1009-1017.

[203] KAUPENJOHANN M, SIEMENS J, 2002. Contribution of dissolved organic nitrogen to N leaching from four German agricultural soils [J]. Soil Sci. Plant Nutrition, 165 (6): 675-681.

[204] KERSEBAUM K C, STEIDL J, BAUER O, et al., 2003. Modelling scenarios to assess the effects of different agricultural management and land use options to reduce diffuse nitrogen pollution into the river Elbe [J]. Physics and Chemistry of the Earth, 28: 537-545.

[205] KLEINMAN P J A, SHARPLEY A N, 2003. Effect of broadcast manure on runoff phosphorus concentrations over successive rainfall events [J]. Journal of Environmental Quality, 33: 1072-1081.

[206] KOOPMANS G F, CHARDON W J, MCDOWELL R W, 2007. Phosphorus movement and speciation in a sandy soil profile after long-term animal manure applications [J]. Journal of Environmental Quality, 36: 305-315.

[207] KOUWEN N, LEON L F, SOULIS E D, et al., 2001. Nonpoint source pollution: A distributed water quality modeling approach [J]. Water Research, 35 (4): 997-1007.

[208] LANYON L E, NORD E A, 2003. Managing material transfer and nutrient flow in an agricultural watershed [J]. Journal of Environmental Quality, 32 (2): 562-570.

[209] MAEDA M, OZAKI Y, ZHAO B, et al., 2003. Nitrate leaching in an Andisol treated with different types of fertilizers [J]. Environmental Pollution, 12 (1): 477-487.

[210] MAGUIRE R O, SIMS J T, 2002. Soil testing to predict phosphorus leaching [J]. Journal of Environmental Quality, 31: 1601-1609.

[211] MCDOWELL R W, SHARPLEY A N, 2001. Phosphorus losses in subsurface flow before and after manure application to intensively farmed land [J]. Science of the Total Environment, 278: 113-125.

[212] MCDOWELL R W, SHARPLEY A N, 2004. Variation of phosphorus leached from pennsylvanian soils amended with manures, composts or inorganic fertilizer [J]. Agriculture, Ecosystem and Environment, 102: 17-27.

[213] MOORE P A, MAXWELL C V, SMITH D R, et al., 2004. Reducing phosphorus runoff from swine manure with dietary phytase and aluminum chloride [J]. Environment, 33: 1048-1054.

[214] SEPASKHAH A R, TAFTEH A, 2012. Yield and nitrogen leaching in maize field under different nitrogen rates and partial root drying irrigation [J]. International Journal of Plant Production, 6 (1): 93-114.

[215] SHARPLEY A N, 1997. Rainfall frequency and nitrogen and phosphorus runoff from soil amended with poultry litter [J]. Journal of Environmental Quality, 26 (4): 1127-1132.

[216] SHERWOOD M, FANNING A, 1981. Nutrient content of surface runoff water from land treated with animal wastes [M] //Brogan J C. Nitrogen Losses and Surface Run-off from Land Spreading of Manures. Boston: Martinus Nijhoff/DR. W. Junk Publishers: 5-17.

[217] SOGBEDJI J M, VAN ES H M, YANG C L, et al., 2000. Nitrate leaching and nitrogen budget as affected by maize nitrogen rate and soil type [J]. Environment Quality, 29 (6): 1813-1820.

[218] WANG L Y, YU X F, XUE Z S, et al., 2019. Distribution characteristics of iron, carbon, nitrogen and phosphorus in the surface soils of different land use types near Xingkai Lake [J]. Journal of Soils and Sediments, 19 (1): 275-285.

[219] WANG S R, ZHENG B H, CHEN C, et al., 2015. Thematic issue: Water of the Erhai and Dianchi Lakes [J]. Environmental Earth Sciences, 74 (5): 3685-3688.

[220] WANG Z H, WANG T, ZHU B, et al. , 2012. Non-Point source nitrogen and phosphorus loadings from a small watershed in the Three Gorges Reservoir Area [J]. Journal of Mountain Science, 9: 10-15.